全国职业院校机电类专业课程改革系列教材

SolidWorks 基础教程

主　编　杨　瑛

副主编　王海良　严振宁

参　编　贝天宝　杨洪彬

机 械 工 业 出 版 社

本书以 SolidWorks 2008 为蓝本，介绍了 SolidWorks 的操作方法和机械设计应用技巧。全书共分为 5 章，内容包括 SolidWorks 软件介绍、二维草图的绘制、零件建模、装配体和工程图。

在内容安排上，为了使学生更快地掌握 SolidWorks 软件的基本功能，书中结合大量的实例，对软件中一些抽象的概念、命令和功能，以及设计范例的操作过程进行了详细讲解，以便读者学习使用。在每个章节中，本书还安排了练习，这样便于学生进一步巩固所学的知识。

本书内容全面、条理清晰、实例丰富、讲解详细，可作为高职高专学校机械类各专业学生的 CAD 课程教材，也可作为工程技术人员的 SolidWorks 自学入门教程和参考书籍。

为方便教学，本书配备电子课件等教学资源。凡选用本书作为教材的教师均可登录机械工业出版社教材服务网 www.cmpedu.com 注册后免费下载。如有问题请致信 cmpgaozhi@sina.com，或致电 010-88379375 联系营销人员。

图书在版编目（CIP）数据

SolidWorks 基础教程/杨瑛主编．—北京：机械工业出版社，2013.10（2025.3 重印）
全国职业院校机电类专业课程改革系列教材
ISBN 978-7-111-43707-9

Ⅰ．①S…　Ⅱ．①杨…　Ⅲ．①机械设计－计算机辅助设计—应用软件—高等职业教育—教材　Ⅳ．①TH122

中国版本图书馆 CIP 数据核字（2013）第 190884 号

机械工业出版社（北京市百万庄大街 22 号　邮政编码 100037）
策划编辑：赵志鹏　　责任编辑：王　丹　赵志鹏
版式设计：霍永明　　责任校对：张爱贵
封面设计：马精明　　责任印制：常天培
北京机工印刷厂有限公司印刷
2025 年 3 月第 1 版・第 11 次印刷
184mm×260mm・7 印张・151 千字
标准书号：ISBN 978-7-111-43707-9
定价：29.80 元

电话服务
客服电话：010-88361066
010-88379833
010-68326294
封底无防伪标均为盗版

网络服务
机　工　官　网：www.cmpbook.com
机　工　官　博：weibo.com/cmp1952
金　　书　　网：www.golden-book.com
机工教育服务网：www.cmpedu.com

前　言

随着科学技术的不断进步，三维造型设计已经渐渐进入企业并成为企业生产、研发的主要手段，企业对三维造型软件人才的需求也日益激增。深入开展三维造型软件的教学工作，培养优秀的三维设计人才已势在必行。

SolidWorks是一套功能强大的基于Windows平台的三维机械设计软件。该软件操作方便、易于掌握，极大地提高了工程师的设计效率，是很实用的机械设计 CAD 软件，广泛应用于机械、汽车、航空等领域。

SolidWorks 软件无论是在价格上或是在其功能实用性上，已逐步成为主流的三维机械设计软件之一，尤其是在国外，其强大的绘图功能、空前的易用性，以及一系列旨在提高设计效率的新特性，不断推进业界对三维造型设计的采用，也加速了整个三维造型设计行业的发展步伐。

本书重点介绍了 SolidWorks 在机械设计中的应用方法和技巧，全书共分为5章，主要内容如下：

1．SolidWorks 软件介绍　介绍了 SolidWorks 的常用功能、常用术语，以及 SolidWorks 的启动和如何创建用户文件夹等基础知识。

2．二维草图的绘制　介绍了 SolidWorks 二维草图的绘制过程、如何进入和退出二维草图、二维草图绘制基准面的方法、二维草图的绘制命令的使用方法、如何编辑二维草图、草图尺寸的标注方法、草图的状态、草图几何关系的添加和删除和二维草图保存的方法，最后通过实例讲解了二维草图的绘制过程。

3．零件建模　介绍了拉伸特征、旋转特征、扫描特征、放样特征、加厚特征的建模方法，同时介绍了 SolidWorks 系列零件参数化的建模方法，最后通过实例（连接块）介绍了零件三维建模的具体过程。

4．装配体　介绍了装配体建模的基本概念、创建装配体的过程、装配体常用的设计工具和装配体设计树、零部件的配合关系和爆炸视图、装配体的分析方法，最后通过实例（小轮组的装配）介绍了装配体三维建模的具体过程。

5．工程图　介绍了工程图的绘制过程，新建工程图的方法，图纸格式的定义，标准三视图、模型视图、派生视图和操纵视图的生成方法，同时介绍了工程图注解的标注方法，最后通过实例（支座的工程图）介绍了工程图的绘制过程。

本书由杨瑛担任主编，王海良、严振宁担任副主编，贝天宝、杨洪彬担任参编。

由于编者水平及使用经验有限，疏漏之处在所难免，望各位读者不吝赐教，编者在此深表感谢。

编　者

目　录

第 1 章 SolidWorks 软件介绍

1.1 SolidWorks 功能概述

SolidWorks 是一个基于 Windows 平台的优秀的三维机械设计软件，它主要采用参数化和特征造型技术进行建模，能方便、快捷地创建和修改大量复杂形状的实体，从而可大大缩短零件设计周期，清晰表现工程师的设计意图。该软件操作方便、简单易学、容易掌握，目前广泛应用于机械、汽车和航空等领域。

在 SolidWorks 2008 中共有三大模块，分别是零件、装配体和工程图。下面将分别介绍 SolidWorks 2008 的零件、装配体和工程图三大模块。

1.1.1 零件

SolidWorks 的零件模块主要可以实现实体建模、曲面建模、模具设计、钣金设计以及焊接设计。

1. 实体建模 SolidWorks 提供了十分强大的、基于特征的实体建模功能。该软件通过拉伸、旋转、扫描、放样、阵列等操作来实现产品的设计，通过对特征和草图的动态修改来实现产品实时的动态设计。SolidWorks 中提供了三维草图功能，该功能可以为扫描、放样等操作生成三维草图路径，或为管道、电缆线或管线生成路径。

2. 曲面建模 该软件通过带控制线的扫描曲面、放样曲面、边界曲面以及拖动可控制的相切操作，产生非常复杂的曲面，并可以直观地对已存在的曲面进行修剪、延伸、缝合和圆角等操作。

3. 模具设计 SolidWorks 利用内置模具设计工具，可以自动创建型芯及型腔。在 SolidWorks 2008 中，MoldflowXpress 已停止使用。

在整个模具的生成过程中，该软件提供了一系列的工具加以控制。SolidWorks 的模具设计主要包括以下部分：

- 分型线的自动生成。
- 关闭曲面的自动生成。
- 分型面的自动生成。

- 型芯——型腔的自动生成。

4．钣金设计 SolidWorks 提供了顶级的、全相关的钣金设计技术。该软件可以直接使用各种类型的法兰、薄片等特征，通过正交切除、角处理以及边线切口等操作使钣金设计变得非常容易。SolidWorks 2008 环境中，用户可以直接在折叠的钣金零件的边界添加焊缝，以改进焊接状态下的图形化表示。当展开钣金零件时，焊缝将被压缩。

5．焊接设计 SolidWorks 提供了在单个零件文档中设计结构焊件和平板焊件的方法。焊件工具主要包括：

- 圆角焊缝。
- 结构构件库。
- 角撑板。
- 焊件切割。
- 顶端盖。
- 剪裁和延伸结构构件。

1.1.2 装配体

SolidWorks 提供了非常强大的装配功能，其优点如下：

- 在 SolidWorks 的装配环境中，可以方便地设计和修改零件。
- 在 SolidWorks 的装配环境中，可以动态地观察整个装配体中的所有运动，并且可以对运动的零部件进行动态的干涉检查及间隙检测。
- 对于由上千个零部件组成的大型装配体，SolidWorks 的功能也可以得到充分发挥。
- 镜像零部件功能是 SolidWorks 技术的一个巨大突破，通过镜像功能，用户可以根据现有的零部件和装配体对称设计创建出新的零部件和装配体。
- 在 SolidWorks 中，可以用捕捉配合的智能化装配技术进行快速的总体装配。智能化装配技术可以自动地捕捉并定义装配关系。
- 使用智能化装配技术可以自动完成重复的装配。

1.1.3 工程图

SolidWorks 的工程图可以实现：

- 从零件的三维模型（或装配体）中自动生成工程图，包括各个视图及尺寸的标注等。
- SolidWorks 提供了生成完整的、生产过程认可的详细工程图的工具。工程图与零件模型是完全相关的，当用户修改图样时，零件模型、所有视图及装配体都会自动地被修改。

- 使用交替位置显示视图，可以方便地表现零部件的不同位置，以便了解运动的顺序。交替位置显示视图，是专门为具有运动关系的装配体而设计的独特的工程图功能。
- RapidDraft 技术可以将工程图与零件模型（或装配体）脱离，进行单独操作，但仍保持与零件模型（或装配体）的完全相关。
- 增强了详细视图及剖视图的功能，包括生成剖视图、支持零部件的图层、二维草图功能以及详图中的属性管理。

1.2 SolidWorks 常用术语

1.2.1 基于特征

在进行零件或装配体建模时，SolidWorks 软件利用智能的、易于理解的几何体创建特征，创建特征后可以直接应用于零件中。

SolidWorks 中的特征可以分为草图特征和应用特征。

（1）草图特征：基于二维草图的特征，通常该草图可以通过拉伸、旋转、扫描或放样转换为实体。

（2）应用特征：直接创建于实体模型上的特征。例如圆角或倒角就是这种类型的特征。

SolidWorks 软件在一个被称为 FeatureManager 设计树的特殊窗口中显示模型的特征结构。FeatureManager 设计树不仅显示特征被创建的顺序，而且可以使用户很容易地得到所有特征的相关信息。

1.2.2 参数化

用于创建特征的尺寸与几何关系，可以被记录并保存于设计模型中。这不仅可以使模型能够充分体现设计者的设计意图，而且能够快速简单地修改设计模型。

（1）驱动尺寸：是指创建特征时所用的尺寸，包括与绘制几何体相关的尺寸和与特征自身相关的尺寸。例如：圆柱体的底面直径是由圆的直径来控制的，圆柱体的高度是由创建特征时拉伸的深度来决定的。

（2）几何关系：是指草图几何体之间的平行、相切和同心等信息。通过草图几何关系，SolidWorks 软件可以在模型设计中完全体现设计意图。

1.2.3 实体建模

实体建模所生成的实体模型是 CAD 系统中所使用的最完整的几何模型类型，它包含了完整描述模型的边和表面所必需的所有线框和表面几何信息。除了几何信息外，它还包括把这些几何信息关联到一起的拓扑信息。例如，哪些面相交于哪条边（曲线）。这种智能信息使一些操作变得很简单，例如圆角过渡，只需选一条边并指定圆角半径值就可以完成。

1.2.4 全相关

SolidWorks 模型与它的工程图及参考它的装配体是全相关的。对模型的修改会自动反映到与之相关的装配体和工程图中。同样的，对工程图和装配体的修改也会自动反映在模型中。

1.2.5 约束

SolidWorks 支持诸如平行、垂直、水平、竖直、同心和重合这样的几何约束关系。此外，还可以使用方程式来创建参数之间的数学关系。通过约束和方程式，设计者可以保证设计过程中实现和维持诸如“等直径”“等高度”之类的设计意图。

1.2.6 设计意图

设计意图是关于如何表现模型的规划。在设计过程中，用什么方法来创建模型，取决于设计人员将如何体现设计意图，以及体现什么样的设计意图。

1.3 SolidWorks 的启动

启动 SolidWorks 软件可通过下列两种基本方式实现。

（1）双击桌面上的 SolidWorks 图标。

（2）单击【开始】→【所有程序】→【SolidWorks 2008】→【SolidWorks 2008 SP0.0】→【SolidWorks 2008 SP0.0】命令。

SolidWorks 正在启动的界面如图 1-1 所示。

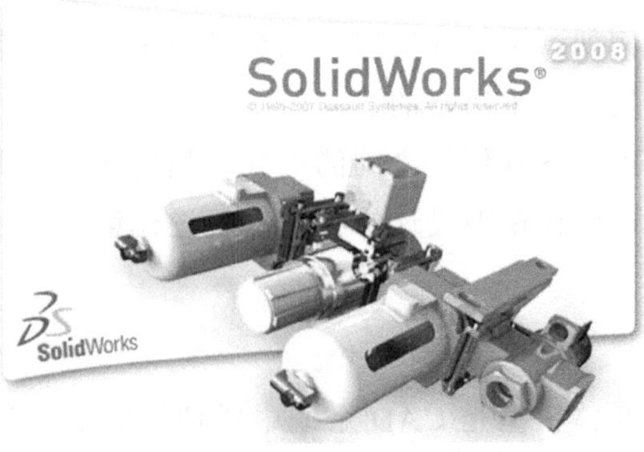

图 1-1　SolidWorks 正在启动的界面

SolidWorks 启动后的界面，如图 1-2 所示。

图 1-2　SolidWorks 启动后的界面

1.4　创建用户文件夹

使用 SolidWorks 软件时，应注意管理文件的目录。因为 SolidWorks 软件具有全相关性，如果文件管理混乱，那么在建模过程中系统找不到正确的相关文件，将影响 SolidWorks 软件的全相关性，同时也会使文件的保存、删除等操作产生混乱。因此，在建立 SolidWorks 模型之前，首先要创建一个用户文件夹，这是非常必要的。

第2章 二维草图的绘制

二维草图的绘制是创建 SolidWorks 模型的基础，例如创建拉伸、旋转等特征时，首先要绘制二维草图，然后再对二维草图进行拉伸、旋转等操作。因此，建立二维草图是建立三维实体的基础。

草图是由直线、圆弧等基本几何元素构成的几何实体，它构成了特征的截面轮廓或路径，并由此生成特征。草图绘制有两种形式：二维草图和三维草图。两者之间的主要区别在于二维草图必须选择一个草图绘制平面，才能进入草图绘制状态；三维草图则无需选择草图绘制平面就可以直接进入绘图状态，绘出空间的草图轮廓。本章主要介绍二维草图的绘制。

2.1 二维草图绘制过程

草图绘制的一般过程如下：

（1）进入 SolidWorks 二维草图设计环境。

（2）指定二维草图绘制平面（即基准面）。

（3）使用草图绘制命令，绘出草图的基本几何形状。

（4）标注草图的尺寸，并添加草图几何关系。

（5）保存绘制好的二维草图。

2.2 进入和退出 SolidWorks 二维草图设计环境

2.2.1 进入 SolidWorks 二维草图设计环境的操作方法

（1）在如图 2-1 所示的 SolidWorks 启动后的界面中，单击下拉菜单【文件】→【 新建(N)... Ctrl+N】或直接单击进入到【新建 SolidWorks 文件】对话框。

（2）在【新建 SolidWorks 文件】对话框中，选择【零件】，单击【确定】按钮，如图 2-2 所示，进入零件建模环境。

（3）进入草图设计环境有两种方法，如图 2-3 所示。

1）在零件建模环境中，单击【草图】选项卡，选择一个基准面，例如选择【前视基准面】，单击【草图绘制】按钮，系统进入草图设计环境。

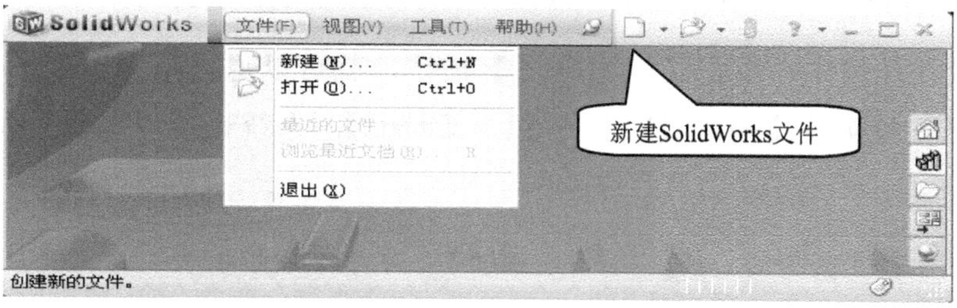

图 2-1　进入到【新建 SolidWorks 文件】

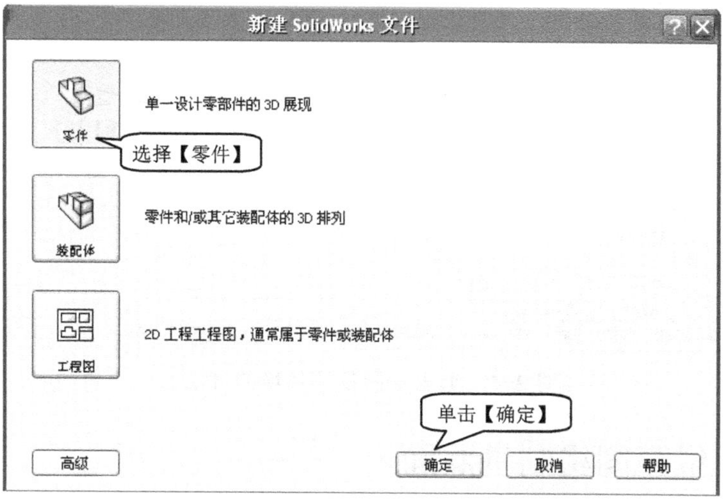

图 2-2　【新建 SolidWorks 文件】对话框

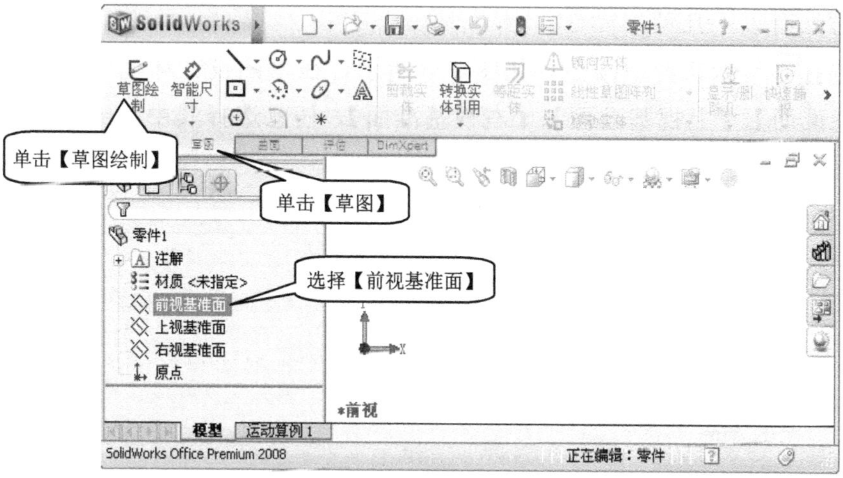

图 2-3　进入草图设计环境的方法

2）在零件建模环境中，单击【草图】选项卡，选择一个基准面，例如用鼠标右键单击【前视基准面】，系统将会弹出快捷菜单，单击【草图绘制】选项，这种方法也可以进入草图设计环境。

2.2.2 退出 SolidWorks 二维草图设计环境的操作方法

在草图设计环境中，单击【退出草图】按钮，就可以退出草图；或者在草图设计环境中，选择下拉菜单【插入（I）】→【退出草图】，系统也可以退出草图设计环境，如图 2-4 所示。

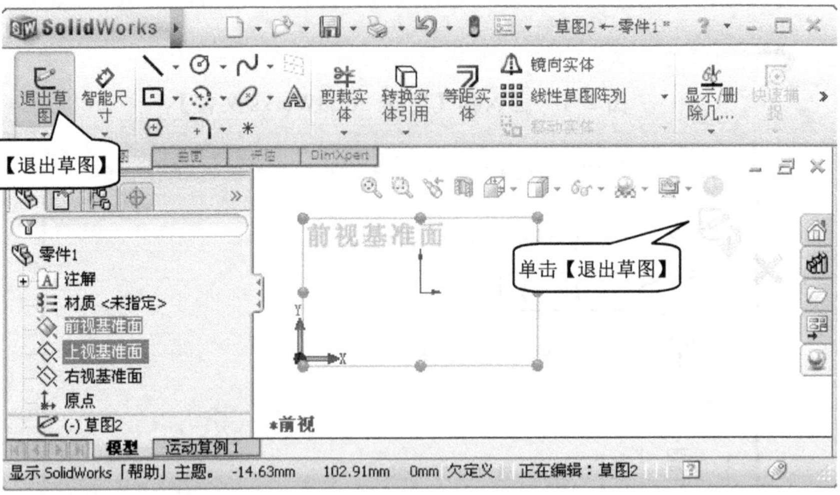

图 2-4 退出草图设计环境的方法

2.3 指定二维草图绘制基准面

在绘制草图之前，必须先指定二维草图绘制平面（即基准面），指定二维草图绘制基准面的方法有以下几种。

（1）选择系统默认的基准面。如图 2-5 所示，在草图设计环境中，系统会自动显示【前视基准面】、【上视基准面】、【右视基准面】，任意选择其中的一个基准面，然后单击【草图绘制】按钮，就可以进行草图绘制了。

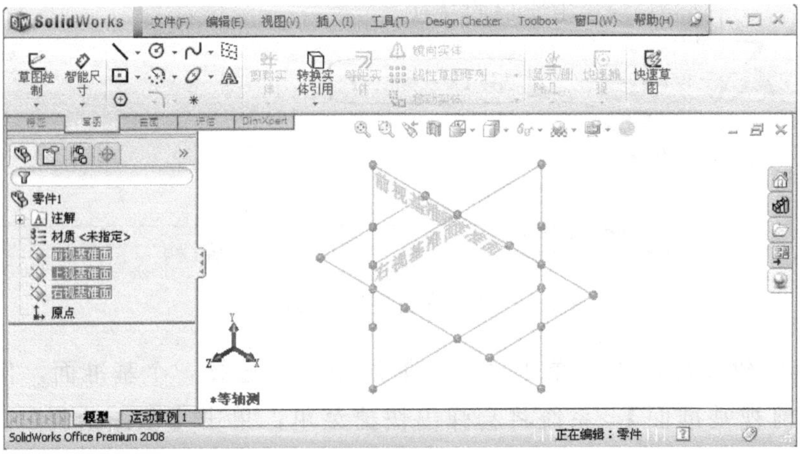

图 2-5 选择系统默认的基准面

（2）选择实体模型的一个表面作为基准面。在已经建好的实体模型中，选择该模型的一个表面作为基准面进行草图绘制，如图 2-6 所示。

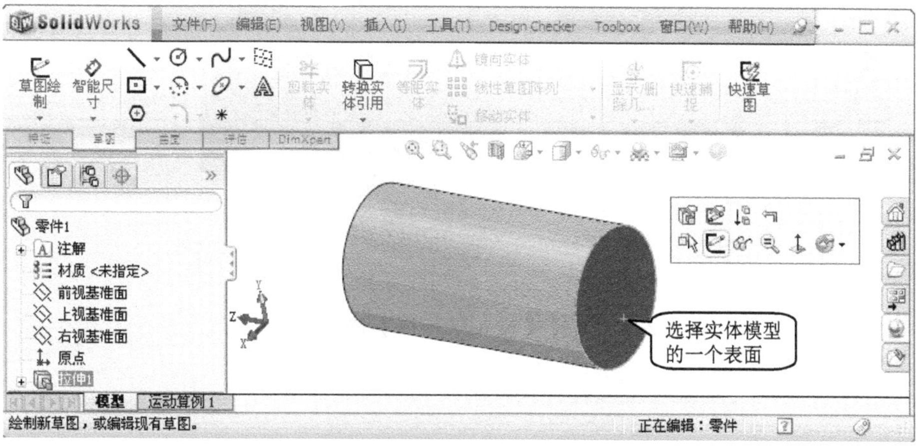

图 2-6 选择实体模型的一个表面作为基准面

（3）选择【基准面】属性管理器来建立基准面。单击下拉菜单【插入】→【参考几何体】→【基准面】来创建基准面。创建基准面共有下面六种方法。

1)【通过直线/点】，选择一个点和一条直线，这样就可以确定一个通过该点和该直线的基准面，如图 2-7 所示。

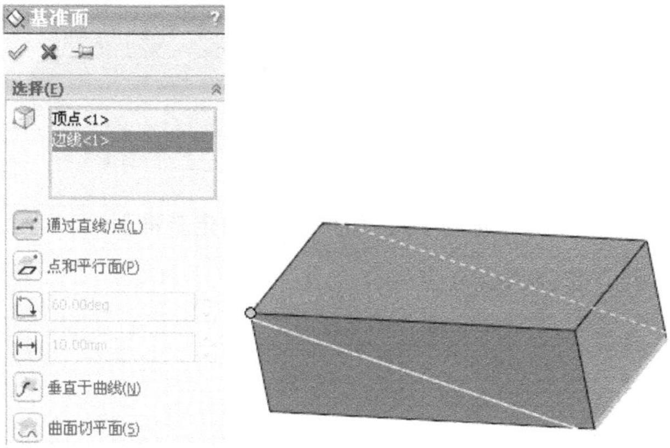

图 2-7 【通过直线/点】确定基准面

2)【点和平行面】，选择一个点和一个平面，就可以确定一个通过该点，并且与指定平面平行的基准面，如图 2-8 所示。

3)【两面的夹角】，选择一个面和一条边线，然后再指定两个面之间的夹角，这样就可以确定一个通过该边线，且与所选择的面呈指定角度的基准面，如图 2-9 所示。

4)【距离】，选择一个面，然后再指定两个面之间的距离，这样就可以确定一个与所选择的面相隔指定距离的基准面，如图 2-10 所示。

5)【垂直于曲线】，选择一个点，然后再选择一条曲线，这样就可以确定一个垂直于指定曲线的基准面，如图 2-11 所示。

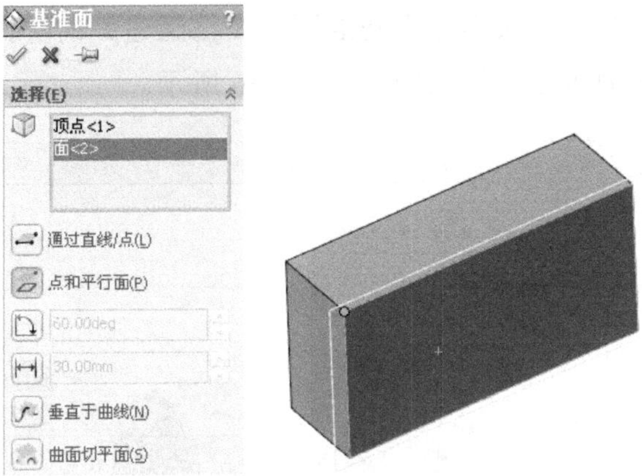

图 2-8　通过【点和平行面】确定基准面

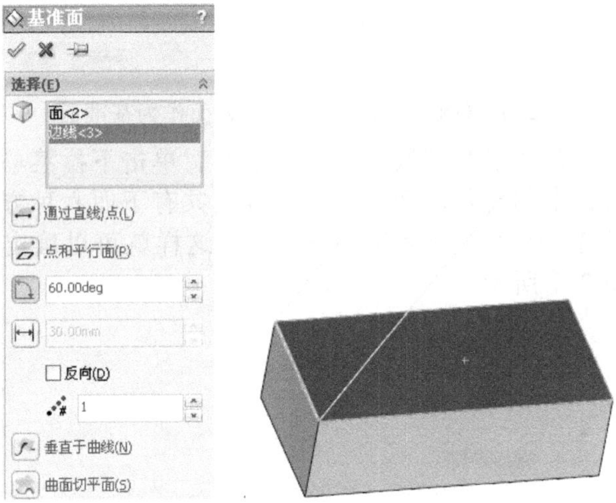

图 2-9　通过【两面的夹角】确定基准面

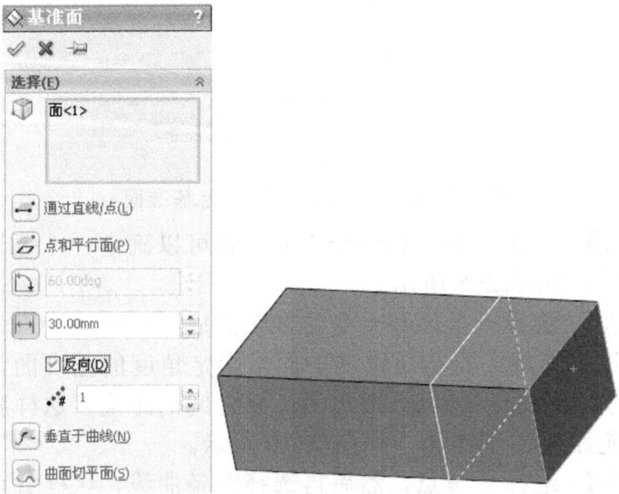

图 2-10　通过【距离】确定基准面

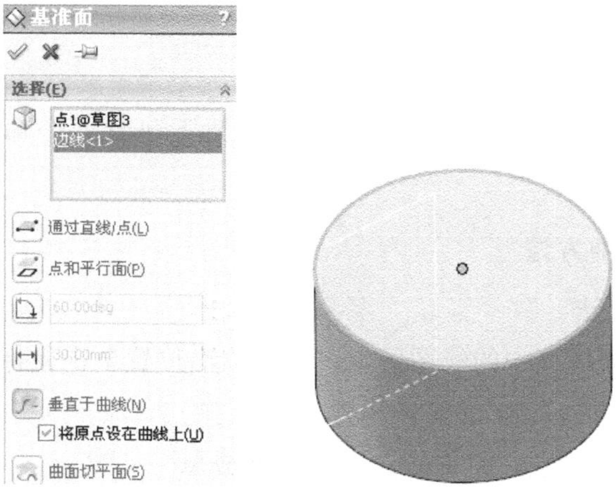

图 2-11 通过【垂直于曲线】确定基准面

6)【曲面切平面】，选择一个点，然后再选择一个曲面，这样就可以确定一个与该曲面相切的基准面，如图 2-12 所示。

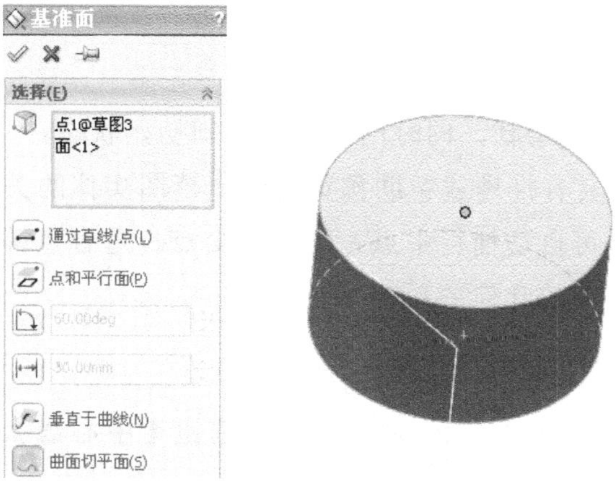

图 2-12 通过【曲面切平面】确定基准面

2.4 绘制二维草图

2.4.1 二维草图绘制工具栏

图 2-13 所示为二维草图绘制工具栏。

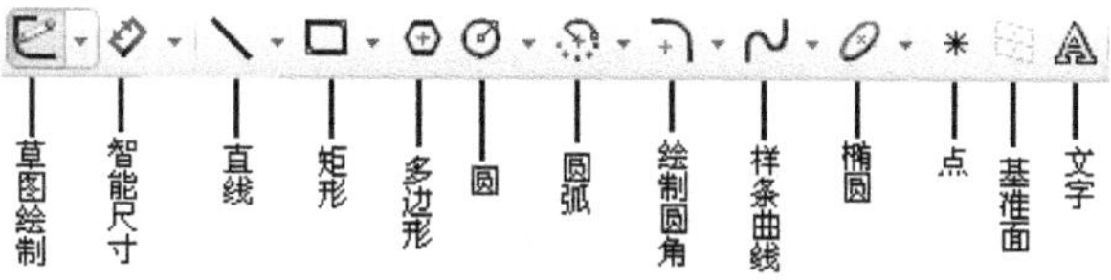

图 2-13 二维草图绘制工具栏

2.4.2 绘制直线

在二维草图绘制工具栏中，绘制直线命令按钮下包含两个命令按钮：【直线】和【中心线】。

1. 直线绘制的两种方法

（1）“单击-单击”法。

1）在二维草图设计环境中的绘图区中，选择恰当位置单击鼠标放置直线的第一点。

2）移动鼠标预览直线，单击鼠标放置第二点。

3）移动鼠标，则会继续生成直线。双击左键或单击右键，在弹出的快捷菜单中选择【结束链】，则回到绘制直线初始状态；按 Esc 键或单击右键，选择【选择】则退出直线绘制。绘制出的直线如图 2-14 所示。

图 2-14 绘制直线

（2）“拖动”法。

1）在绘图区中单击鼠标左键生成直线的第一点。

2）直接拖动鼠标即可生成直线预览。

3）松开左键完成直线绘制，同时回到直线绘制初始状态。

在直线绘制过程中会有推理线帮助预览与其他草图实体的关系，同时自动捕捉功能使用户在直线绘制时可自动捕捉中点、端点、交点、重合点等。系统会对已绘制的水平或竖直直线添加相应的几何关系。

2. 中心线绘制的方法

在绘制直线的下拉菜单中，还有一个命令按钮【中心线】。中心线作为构造几何线使用，用来生成对称的草图实体以及旋转体、阵列特征操作的中心轴或构造几何体的中心线。绘制中心线的步骤与绘制直线相同，不同之处是中心线显示为点画线。

2.4.3 绘制矩形

绘制矩形命令按钮下包含五个命令按钮：【边角矩形】、【中心矩形】、【3 点边角矩形】、【3 点中心矩形】和【平行四边形】。

1. 绘制边角矩形

（1）单击【边角矩形】按钮 □。

（2）单击放置矩形的第一个角，拖动鼠标，当矩形的大小和形状正确时，然后单击鼠标。

（3）单击【确定】按钮✓。绘制出的矩形如图 2-15 所示。

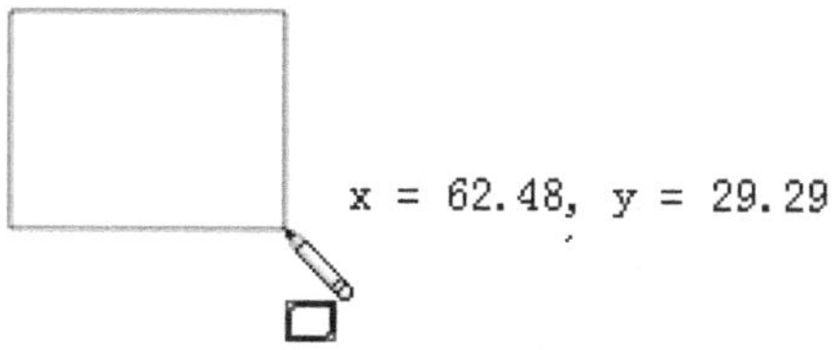

图 2-15 绘制边角矩形

2. 绘制中心矩形

（1）单击【中心矩形】按钮。

（2）在图形区域中：

1）单击定义矩形的中心。

2）拖动鼠标并用对角线来绘制矩形。

3）单击鼠标即可定义矩形的四条边线。

3. 绘制 3 点边角矩形

（1）单击【3 点边角矩形】按钮。

（2）在图形区域中：

1）单击以定义第一个边角。

2）拖动并旋转鼠标，然后单击来设定第一条边线的长度和角度。

3）单击鼠标以绘制其他三条边线。

4. 绘制 3 点中心矩形

（1）单击【3 点中心矩形】按钮。

（2）在图形区域中：

1）单击以定义矩形的中心。

2）拖动并旋转鼠标，单击以设定中心线的一半长度。

3）拖动鼠标，当矩形的大小和形状正确时，单击鼠标以绘制其他三条边线和中心线。

5. 绘制平行四边形

（1）单击【平行四边形】按钮。

（2）在图形区域中：

1）单击以定义第一个边角。

2）拖动并旋转鼠标，然后单击鼠标来设定第一条边线的长度和角度。

3）在适当位置单击鼠标以设定其他三条边线的角度和长度。

2.4.4 绘制多边形

（1）单击草图绘制工具栏上的【多边形】按钮，或单击【工具】→【草图绘制实体】→【多边形】，鼠标指针形状变为。

（2）根据需要在【多边形】对话框中设定多边形的属性。

（3）单击图形区域来定义多边形的中心。

（4）然后拖动多边形至尺寸后，单击【确定】按钮。绘制出的多边形如图 2-16 所示。

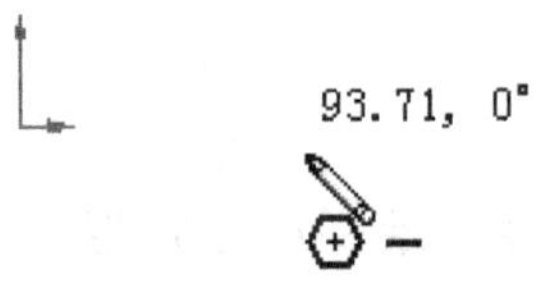

图 2-16　绘制多边形

2.4.5 绘制圆

绘制圆命令按钮下包含两个命令按钮：【圆】和【周边圆】。

1. 绘制圆（绘制一个基于中心的圆）

（1）单击【圆】按钮。

（2）单击鼠标左键来放置圆心并拖动鼠标，正在绘制的圆如图 2-17 所示。

（3）在相应位置单击来设定半径。

（4）单击【确定】按钮。绘制好的圆如图 2-18 所示。

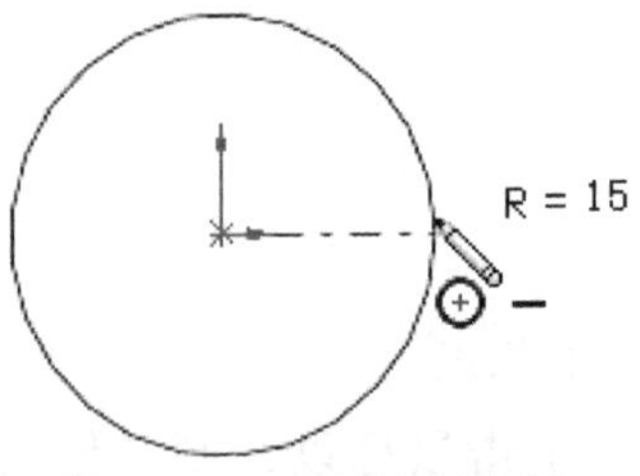

图 2-17　正在绘制的圆

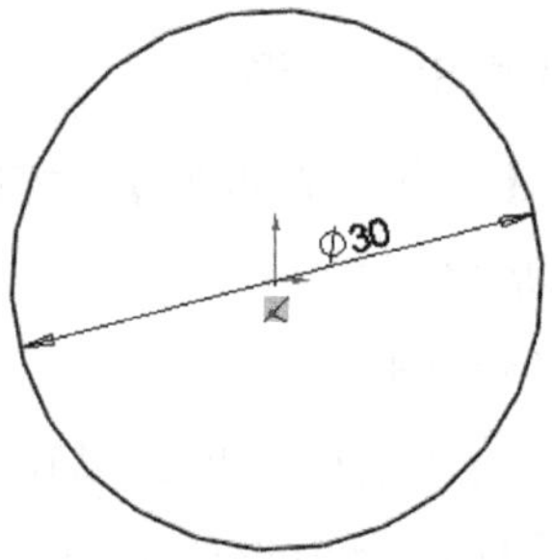

图 2-18　绘制好的圆

2. 绘制周边圆（绘制一个基于周边的圆）

（1）单击【周边圆】按钮。

（2）单击鼠标左键以放置周边。

（3）往左或往右拖动来绘制圆。正在绘制中的周边圆如图 2-19 所示。

（4）单击右键来设定圆。

（5）单击【确定】按钮。生成的周边圆如图 2-20 所示。

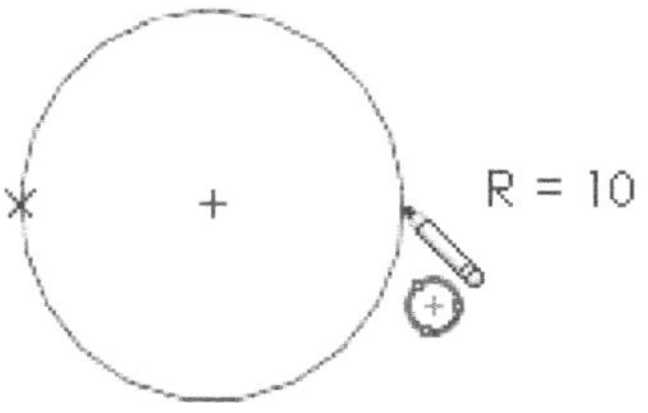

图 2-19　绘制周边圆

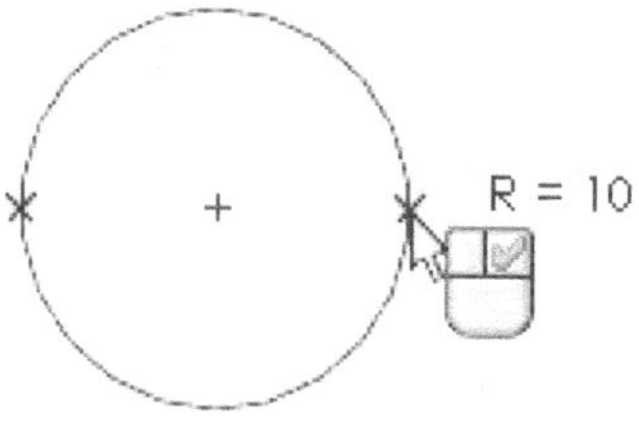

图 2-20　设定周边圆

3．修改圆　在打开的草图中，可通过拖动修改圆：

（1）通过将圆的边线拖离其中心点来增加周边。

（2）通过将圆的边线拖动靠近其中心点来减少周边。

（3）通过拖动圆的中心来移动圆。

2.4.6　绘制圆弧

绘制圆弧命令按钮下包含三个命令按钮：【圆心/起/终点画弧】、【切线弧】和【3点圆弧】。

1．通过圆心/起/终点画弧绘制的草图

（1）单击【圆心/起/终点画弧】按钮。

（2）单击鼠标左键放置圆弧的圆心。

（3）拖动鼠标以设置半径和角度。

（4）单击鼠标左键以放置起点。

（5）在适当位置单击鼠标左键以设置终点。

（6）单击【确定】按钮。生成的圆弧草图如图2-21所示。

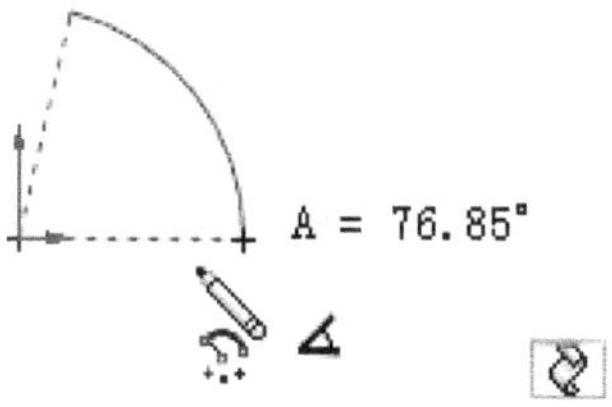

图 2-21　通过圆心/起/终点画弧绘制的草图

2．通过切线弧绘制的草图

（1）单击【切线弧】按钮。

（2）在直线、圆弧、椭圆或样条曲线的终点上单击鼠标左键。

（3）拖动圆弧，绘制所需形状，然后单击鼠标左键。

（4）单击【确定】按钮。生成的圆弧草图如图2-22所示。

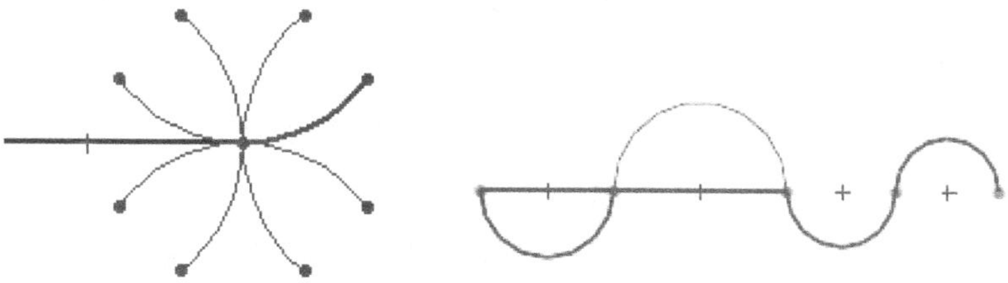

图 2-22　通过切线弧绘制的草图

3．通过 3 点圆弧绘制的草图

（1）单击【3 点圆弧】按钮。

（2）单击鼠标左键设置起点。

（3）再次单击鼠标左键设置终点。

（4）再次单击鼠标左键以设置半径。

（5）单击【确定】按钮。生成的圆弧草图如图 2-23 所示。

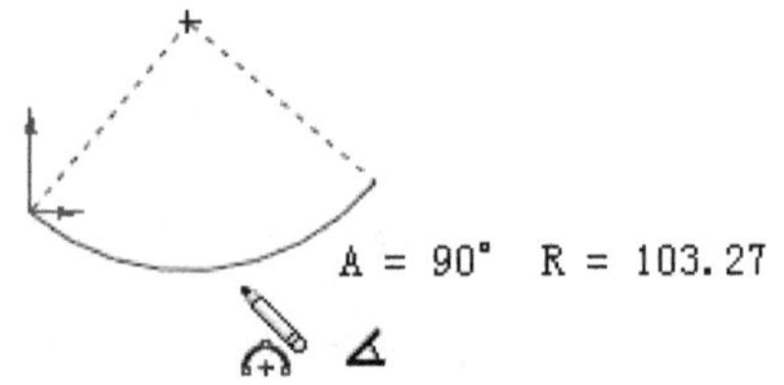

图 2-23 通过 3 点圆弧绘制的草图

2.4.7 绘制圆角

绘制圆角命令按钮下包含两个命令按钮：【绘制圆角】和【绘制倒角】。

1．绘制圆角的草图

（1）在打开的草图中，单击草图绘制工具栏上的【绘制圆角】按钮，或单击【工具】→【草图工具】→【圆角】。

（2）在【圆角】对话框中设定属性。

（3）选择要圆角化的草图实体。首先选取其中一边，然后再选择一边。

（4）单击【确定】按钮完成圆角的绘制。

2．绘制倒角的草图

（1）在打开的草图中，单击草图绘制工具栏上的【绘制倒角】按钮，或单击【工具】→【草图工具】→【倒角】。

（2）在【倒角】对话框中根据需要设定倒角参数。

（3）在图形区域中选择要进行倒角化的草图实体。首先选取其中一边，然后选择另一边。倒角将立即应用。

（4）单击【确定】按钮完成倒角的绘制。

2.4.8 绘制样条曲线

（1）在草图工具栏中，单击【样条曲线】按钮，或单击【工具】→【草图绘制实体】→【样条曲线】，鼠标指针形状将变为。

（2）单击鼠标左键以放置第一个点并将第一个线段拖出。

（3）单击鼠标左键下一个点并将第二个线段拖出。

（4）为每个线段重复操作，然后在样条曲线完成时双击鼠标左键。

（5）单击【确定】按钮完成样条曲线的绘制。生成的样条曲线如图 2-24 所示。

图 2-24　通过【样条曲线】绘制的草图

2.4.9　绘制椭圆

绘制椭圆命令按钮下包含三个命令按钮：【椭圆】、【部分椭圆】和【抛物线】。因为【部分椭圆】和【抛物线】按钮在平时很少应用，因此这里仅说明一下使用【椭圆】按钮的绘制过程。

（1）单击草图绘制工具栏上的【椭圆】按钮，或单击【工具】→【草图绘制实体】→【椭圆】，鼠标指针形状将变为。

（2）单击图形区域来放置椭圆中心。

（3）拖动并单击以设定椭圆的长轴。

（4）拖动并再次单击以设定椭圆的短轴。

生成的椭圆草图如图 2-25 所示。

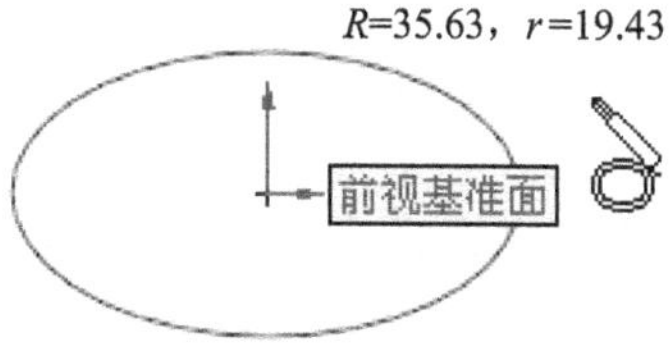

图 2-25　通过【椭圆】绘制的草图

2.4.10　绘制点

欲生成草图点：

（1）单击草图工具栏中的【点】按钮，或单击【工具】→【草图绘制实体】→【点】，鼠标指针形状变为。

（2）在图形区域中单击以放置点。

（3）点工具保持激活，这样您可继续插入点。

2.4.11　建立草图基准面

关于草图基准面的建立方法，在前面的章节中已经讲过，这里不再赘述。

2.4.12　添加草图文字

在草图中添加文字的方法如下：

（1）在图形区域中选择一条边线、曲线、草图或草图线段作为放置草图文字的曲线。

（2）在草图工具栏中单击【文字】按钮，或者依次单击【工具】→【草图绘制实体】→【文本】。

（3）在【草图文字】对话框中，在文字内容框中键入要显示的文字。键入时，文字将出现在图形区域中。

（4）根据需要在【草图文字】对话框中设定属性。

（5）单击【确定】按钮✓。生成的草图文字如图 2-26 所示。

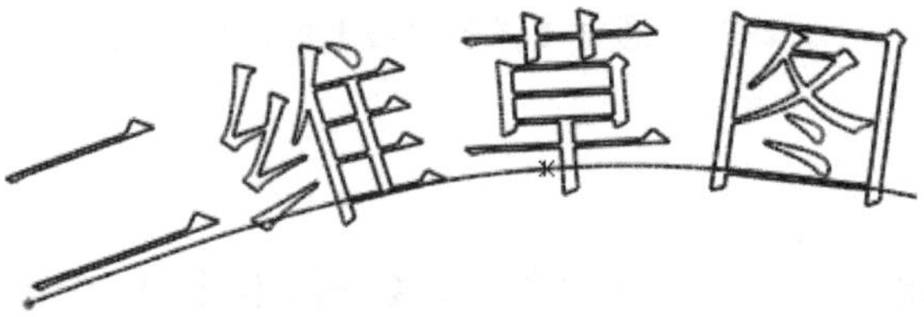

图 2-26　添加草图文字

2.5　编辑二维草图

2.5.1　二维草图编辑命令

二维草图实体编辑命令有裁剪实体、转换实体引用、等距实体、镜向实体、线性草图阵列、移动实体等。另外还有添加几何关系、显示/删除几何关系等命令对草图进行定义。草图编辑工具栏如图 2-27 所示。

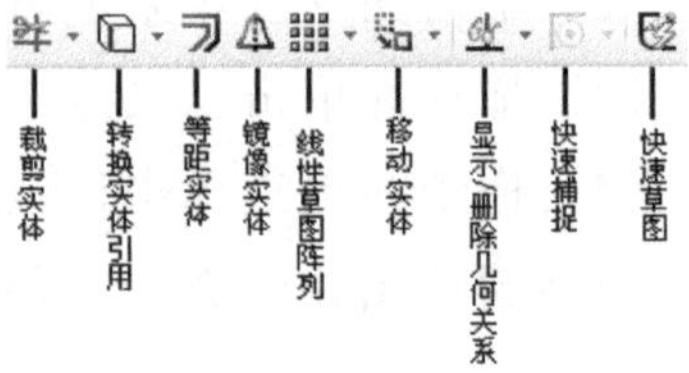

图 2-27　草图编辑工具栏

2.5.2　裁剪实体命令

剪裁实体命令按钮下包含两个命令按钮：【剪裁实体】和【延伸实体】。

1. 剪裁实体　单击草图绘制工具栏的【剪裁实体】按钮，系统弹出【剪裁】属性管理器。在【剪裁】属性管理器的【选项】中包含 5 种剪裁类型：【强劲剪裁】、【边角】、【在内剪除】、【在外剪除】和【剪裁到最近端】，如图 2-28 所示。

图 2-28　【剪裁】属性管理器的【选项】

草图裁剪可以达到两种效果：一是裁剪直线、圆弧、圆、椭圆、样条曲线或中心线，使其截断于另一个实体；二是删除直线、圆弧、圆、椭圆、样条曲线或中心线。

剪裁实体的绘制步骤如下：

（1）单击【剪裁实体】→【强劲剪裁】；

（2）单击开始按下鼠标左键，将鼠标拖动到希望删除的草图线段上，这时需要删除的线段将被删除。

2. 延伸实体　使用延伸实体命令将草图实体延伸以与另一个草图实体相遇，它可增加草图实体（直线、中心线或圆弧）的长度。

延伸实体的绘制步骤如下：

（1）在打开的草图中，单击草图工具栏上的【T延伸实体】按钮，或单击【工具】→【草图工具】→【延伸】。指针形状变为↖T。

（2）将指针移到草图实体上以延伸。所选实体以红色出现，预览延伸实体的方向以红色出现。

（3）如果预览以错误方向延伸，则将指针移到直线或圆弧另一半上。

（4）单击草图实体接受预览。

延伸实体的效果如图2-29所示。

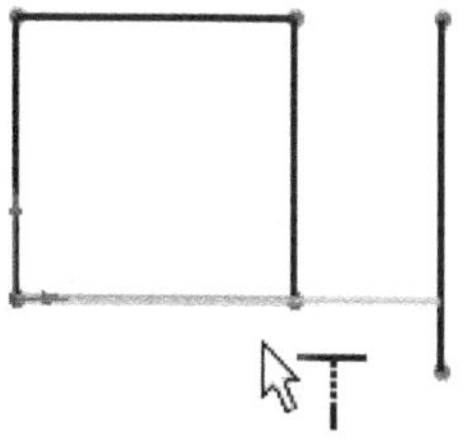

图2-29　延伸实体的效果

2.5.3　转换实体引用命令

转换实体引用命令是SolidWorks中非常有效的一个草图实体编辑工具。该命令可充分利用已有边线、环、面、外部轮廓线或一组草图，将其投影到选定的草图基准面上，从而生成一个或多个草图实体。

转换实体引用的步骤如下：

（1）在草图处于激活状态时单击模型边线、环、面、曲线、外部草图轮廓、一组边线或一组曲线。

（2）单击草图绘制工具栏上的【转换实体引用】按钮。

（3）建立几何关系。执行转换实体引用命令以后，系统会自动建立几何关系。

几何关系有两种，一种是在新的草图曲线与实体之间建立在边线上的几何关系，如果实体更改，曲线也会随之更新；另外一种是在草图实体的端点上生成固定几何关系，使草图保持完全定义状态，当使用显示/删除几何关系时，不会显示内部几何关系。

2.5.4　等距实体命令

等距实体的功能是将已有草图实体沿其法线方向偏移一段距离，即选中一个草图实体、模型边线、环、面、边线轮廓，向内或向外等距偏移指定距离来生成草图实体。

草图生成等距实体的步骤如下：

（1）在打开的草图中，选择一个或多个草图实体、一个模型面或一条模型边线。

（2）单击草图绘制工具栏上的【⅃等距实体】按钮，或单击【工具】→【草图工具】→【等距实体】。

（3）对【等距实体】对话框中的参数进行设定，如图2-30所示。

（4）单击【确定】按钮✓，或在图形区域中单击左键。

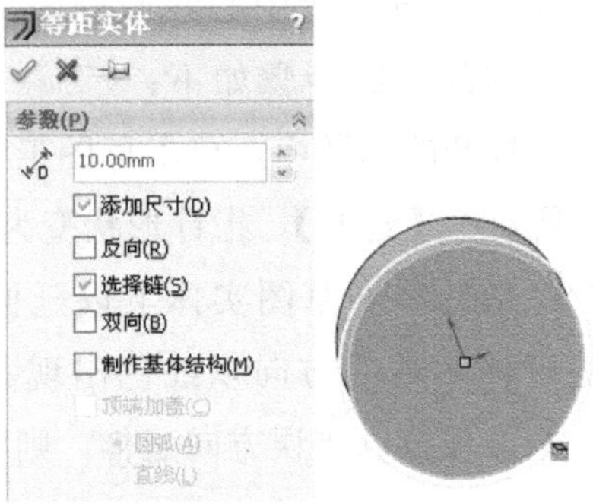

图 2-30　等距实体命令

2.5.5　镜像实体命令[⊖]

镜像实体的功能是生成对称于中心线的副本。SolidWorks 可以沿中心线镜像生成草图实体。生成的镜像实体与原实体的草图点之间都用一个对称关系。如果改变原实体，则其镜像实体也将随之改变。

镜像实体时，首先必须用草图绘制工具栏上的“中心线”按钮绘制一条中心线作为对称轴，然后单击【镜像实体】按钮，选择相应的被镜像实体和镜像中心线即可。镜像实体命令的效果如图 2-31 所示。

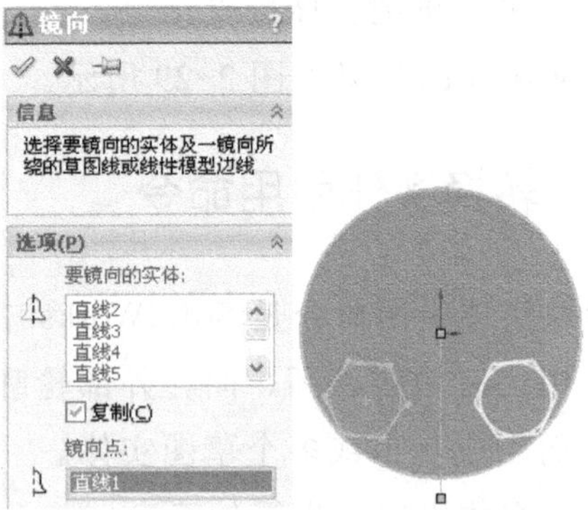

图 2-31　镜像实体命令

2.5.6　线性草图阵列命令

对于有规律排列的草图，使用草图阵列来生成草图，可以简化草图绘制的步骤，提高草图绘制的速度。线性草图阵列命令按钮下包含两个命令按钮：【线性草图阵列】和【圆周草图阵列】。

1．线性草图阵列的绘制步骤

（1）单击草图工具栏中的【线性草图阵列】按钮，或单击【工具】→【草图工具】→【线性阵列】，指针形状变为。

（2）选择【要阵列的实体】。

（3）选择阵列的方向（X 轴或 Y 轴，以及阵列的角度）。

（4）设定阵列的【间距】和【数量】。

（5）单击【确定】按钮✓。【线性草图阵列】命令的效果如图 2-32 所示。

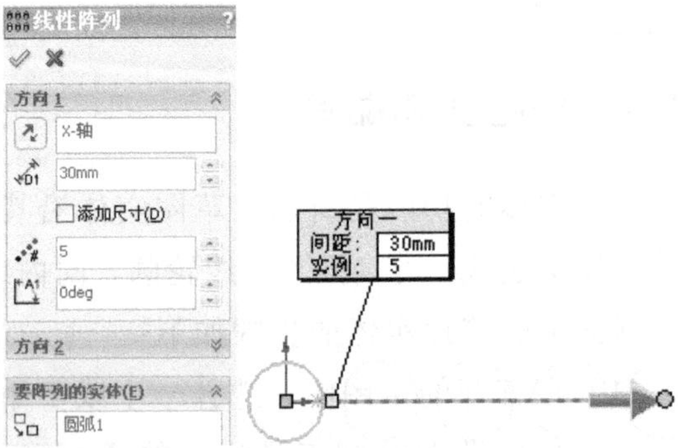

图 2-32　线性草图阵列命令

2．圆周草图阵列的绘制步骤

（1）单击草图工具栏中的【圆周草

⊖ 软件中为镜向，此处应用标准术语镜像。

图阵列】按钮，或单击【工具】→【草图工具】→【圆周阵列】，指针形状变为。

（2）设定【圆周阵列】属性管理器中的各项。

【要阵列的实体】：选中要进行阵列的实体。

【数量】：阵列数量。

【间距】：圆周阵列草图的所围成的度数。

【半径】：阵列半径。

【反向旋转】：用来控制圆周阵列的旋转方向。

【中心 X】：圆周阵列旋转中心点的 X 坐标。

【中心 Y】：圆周阵列旋转中心点的 Y 坐标。

（3）单击【确定】按钮。

2.5.7　移动实体命令

SolidWorks 利用移动实体命令进行草图的移动和复制。移动实体命令按钮下包含四个命令按钮：【移动实体】、【复制实体】、【旋转实体】和【缩放实体比例】。

1．移动实体的绘制

（1）在草图工具栏中，单击【移动实体】，或依次单击【工具】→【草图工具】→【移动】。

（2）在【移动】对话框中选择要移动的实体，选择【保留几何关系】复选框以保留草图实体之间的几何关系。

（3）在【移动】对话框中定义草图实体要移动的距离：

选择“从/到（F）”，单击起点来设定基点，然后拖动将草图实体定位。或选择“X/Y”，然后为ΔX 和ΔY 设定数值以将草图实体定位。

（4）再次单击【重复】按钮按相同距离修改草图实体的位置。

（5）单击【确定】按钮。

根据选择的参数不同，移动实体命令定义的移动形式也不同，如图 2-33 和图 2-34 所示。

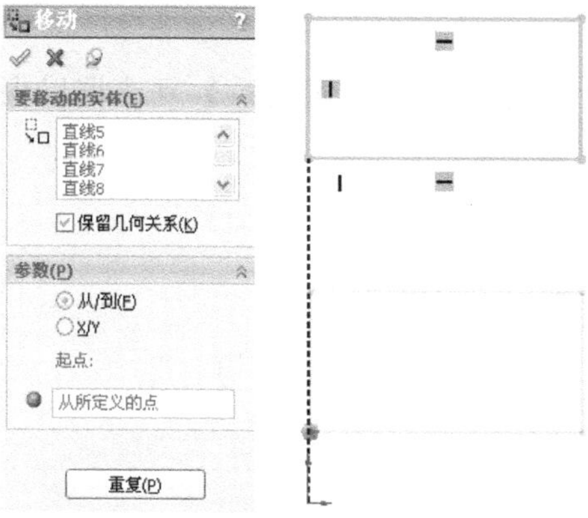

图 2-33　移动实体命令（从/到（F））

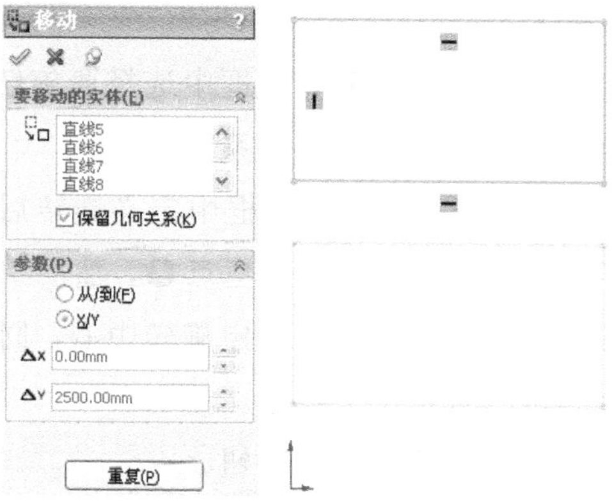

图 2-34　移动实体命令（X/Y）

2．复制实体的绘制

（1）在草图工具栏中，单击【复制实体】，或依次单击【工具】→【草图工具】→【复制】

（2）在【复制】对话框中选择要复制的实体，选择【保留几何关系】复选框以保留草图实体之间的几何关系。

（3）在【复制】对话框中定义复制后的草图实体的位置：

选择“从/到（F）”，单击起点来设定基点，然后拖动将草图实体定位，或选择“X/Y”，然后为ΔX 和ΔY 设定数值以将草图实体定位。

（4）再次单击【重复】按钮按相同距离修改草图实体的位置。

（5）单击【确定】按钮。

根据选择的参数不同，复制实体命令定义的复制的形式也不同，如图 2-35 和图 2-36 所示。

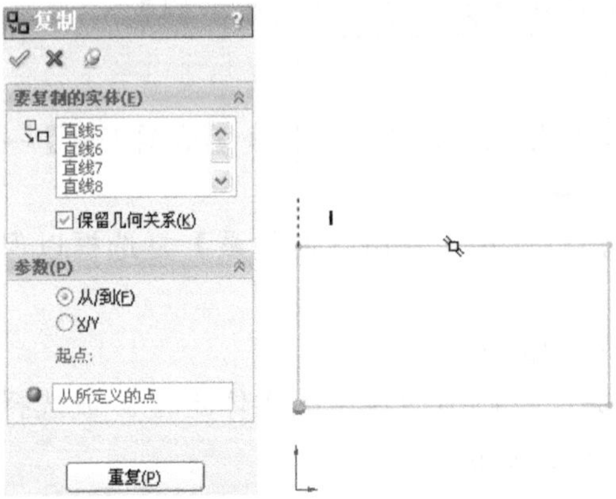

图 2-35　复制实体命令（从/到（F））

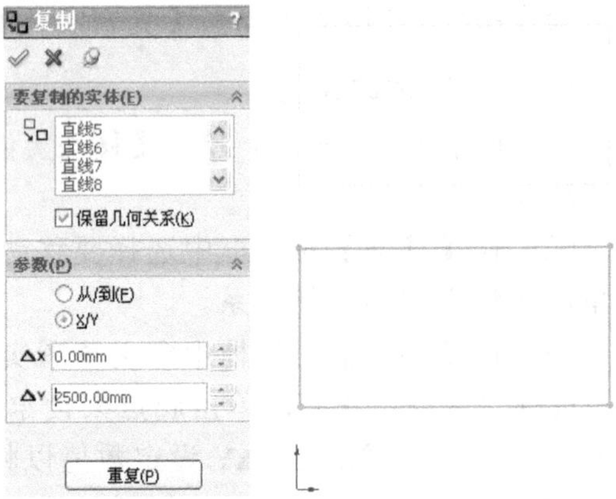

图 2-36　复制实体命令（X/Y）

3．旋转实体的绘制

（1）在草图工具栏中，单击【旋转实体】，或依次单击【工具】→【草图工具】→【旋转】。

（2）在【旋转】对话框中选择要旋转的实体，选择【保留几何关系】复选框以保留草图实体之间的几何关系。

（3）在【旋转】对话框中定义旋转后的草图实体的位置。单击基点，然后单击图形区域中的一点来设定旋转中心，同时为角度设定一个数值。

（4）单击【确定】按钮。

旋转实体命令的效果如图 2-37 所示。

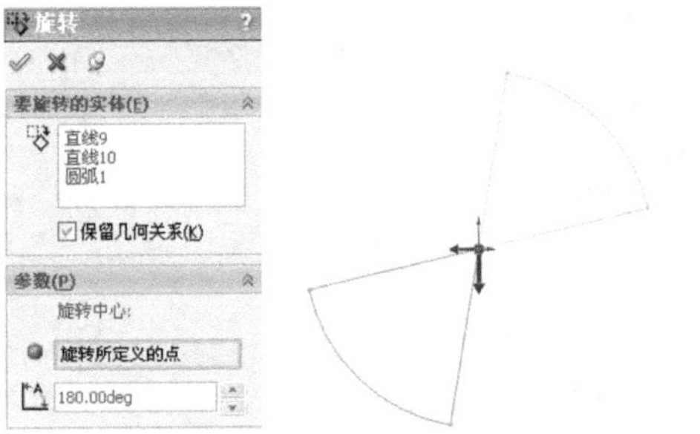

图 2-37　旋转实体命令的效果

4. 缩放实体比例的绘制

（1）在草图工具栏中，单击【缩放实体比例】，或依次单击【工具】→【草图工具】→【缩放比例】

（2）在【比例】对话框中选择要缩放比例的实体。

（3）在【比例】对话框中定义旋转后的草图实体的比例：

1）单击基点，然后单击图形区域中的一点来设定【比例缩放点】。

2）设定比例因子的值。

3）选择【复制】复选框以包括原有草图实体和按比例缩放的副本。

4）为复件数设定一个数值。

（4）单击【确定】按钮。

缩放实体比例命令的效果如图 2-38 所示。

图 2-38 缩放实体比例命令的效果

2.6 草图尺寸的标注与修改

2.6.1 草图尺寸的标注

标注草图的尺寸就是为绘制好的草图标注长度、直径、弧度等尺寸。通过尺寸标注，可以定义草图中物体的大小。

在 SolidWorks 中，标注尺寸主要是用智能尺寸命令来完成的，智能尺寸主要可标注线性尺寸、角度尺寸、圆弧尺寸和圆的尺寸，下面将分别介绍各类尺寸的标注方法。

1. 标注线性尺寸 线性尺寸分为水平尺寸、垂直尺寸和平行尺寸三种。线性尺寸的标注方法如下所述。

（1）单击草图工具栏中的【智能尺寸】按钮，或依次单击【工具】→【标注尺寸】→【智能尺寸】。

（2）将鼠标移至需标注尺寸的直线上，直线显示为红色时单击鼠标左键，然后一直向上（或向下）移动鼠标，可拖出水平尺寸；一直向左（或向右）拖动鼠标，可拖出垂直尺寸；沿着垂直于直线的方向移动，可拖出平行尺寸，如图 2-39 所示。

（3）拖出尺寸标注后，在适当的位置单击鼠标左键，可确定尺寸标注的位置，同时系统将弹出【修改】对话框，如图 2-40 所示，在对话框中输入直线的正确的尺寸即可。

（4）单击【确定】按钮，完成线性尺寸的标注。

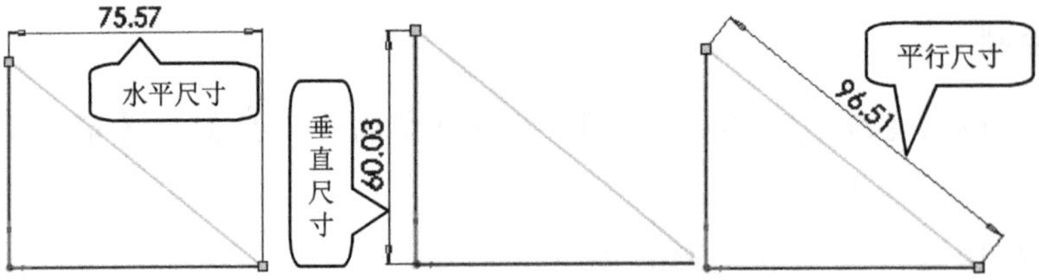

图 2-39　线性尺寸的标注

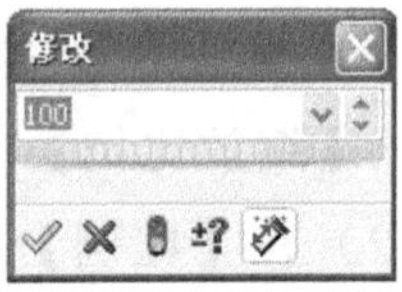

图 2-40　输入线性尺寸的数值

2. 标注角度尺寸

（1）单击草图工具栏中的【智能尺寸】按钮。

（2）分别单击需标注角度尺寸的两条直线。

（3）移动鼠标并在适当位置单击鼠标左键，可确定尺寸标注的位置，同时系统将弹出【修改】对话框，在该对话框中输入正确的角度值。

（4）单击【确定】按钮✓，完成角度尺寸的标注。角度尺寸标注的效果如图 2-41 所示。

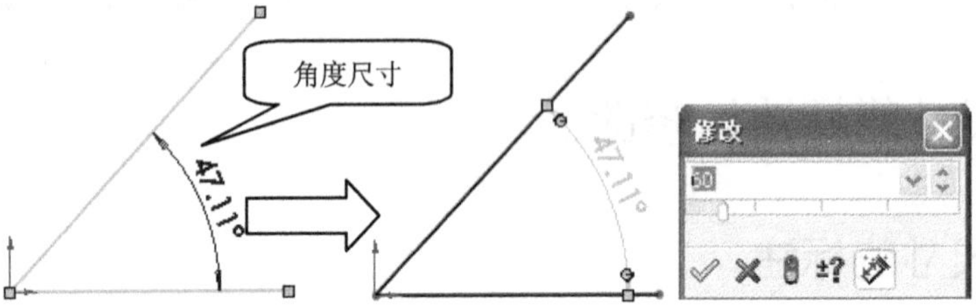

图 2-41　角度尺寸标注的效果

3. 标注圆弧尺寸　标注圆弧尺寸包括标注圆弧半径和圆弧弧长两种圆弧尺寸，下面分别介绍其标注方法。

（1）圆弧半径的标注方法：

1）单击草图工具栏中的【智能尺寸】按钮。

2）单击圆弧，移动鼠标拖出半径尺寸。

3）移动鼠标并在适当位置单击鼠标左键，可确定尺寸标注的位置，同时系统将弹出【修改】对话框，在该对话框中输入正确的圆弧半径值。

4）单击【确定】按钮✓，完成圆弧半径的标注，如图 2-42 所示。

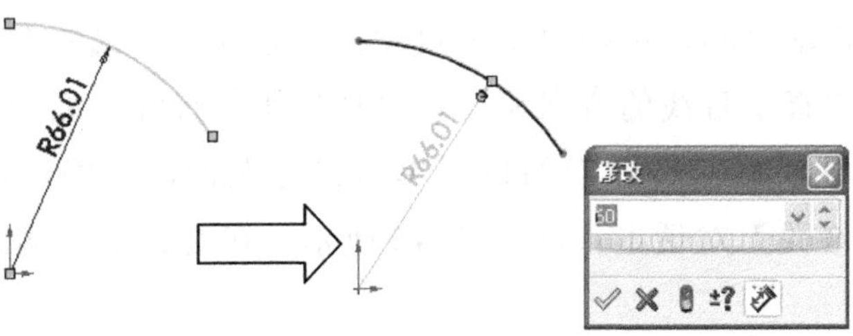

图 2-42　圆弧半径的标注

（2）圆弧弧长的标注方法：

1）单击草图工具栏中的【智能尺寸】按钮。

2）分别单击圆弧的两个端点和圆弧，移动鼠标拖出圆弧的弧长尺寸。

3）移动鼠标并在适当位置单击鼠标左键，可确定尺寸标注的位置，同时系统将弹出【修改】对话框，在该对话框中输入正确的圆弧弧长值。

4）单击【确定】按钮✓，完成圆弧弧长尺寸的标注，如图 2-43 所示。

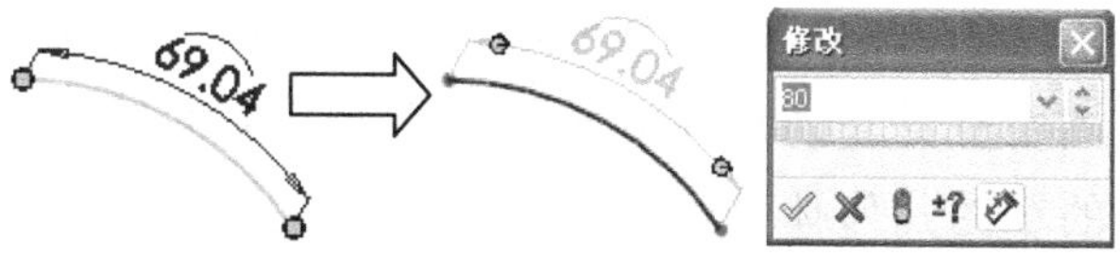

图 2-43　圆弧弧长尺寸的标注

4. 标注圆的尺寸

（1）单击草图工具栏中的【智能尺寸】按钮。

（2）单击圆，移动鼠标拖出圆的直径（或半径）尺寸。

（3）移动鼠标并在适当位置单击鼠标左键，可确定尺寸标注的位置，同时系统将弹出【修改】对话框，在该对话框中输入正确的圆的直径（或半径）的值。

（4）单击【确定】按钮✓，完成圆的尺寸的标注，如图 2-44 所示。

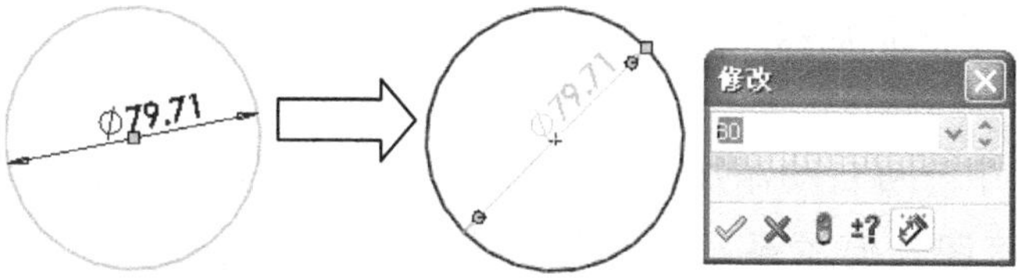

图 2-44　圆的尺寸标注

2.6.2　草图尺寸的修改

（1）鼠标双击需要修改的尺寸，系统将弹出【修改】对话框。

（2）在【修改】对话框中输入正确的尺寸。

（3）单击【确定】按钮✓，完成尺寸的修改，如图 2-45 所示。

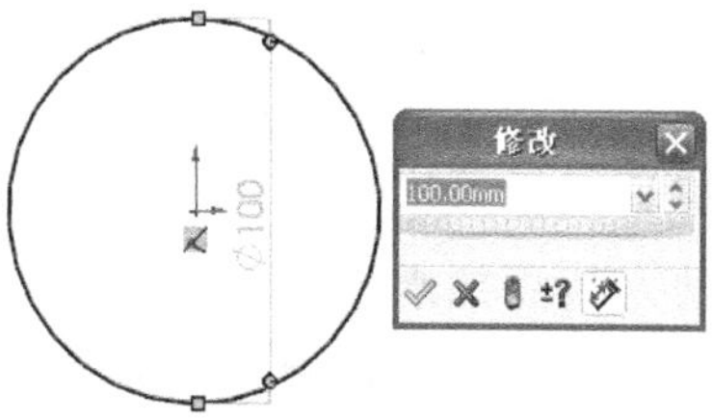

图 2-45　修改尺寸

2.7　草图状态

在 SolidWorks 草图绘制中，可以用尺寸标注和添加几何关系来定义草图状态。草

图一共有 5 种定义状态，即欠定义、完全定义、过定义、无效和无解。在任何时候，SolidWorks 草图都处于 5 种定义状态之一。

（1）欠定义。这种状态下草图的定义是不充分的，可以随时为草图添加其他定义。欠定义状态下的草图也可以用来创建特征。欠定义的草图几何体是蓝色的（系统默认的设置）。

（2）完全定义。草图的定义是充分完整的。一般来说，零件的每一个草图都应该是完全定义的。完全定义的草图几何体是黑色的（系统默认的设置）。

（3）过定义。草图中有重复的尺寸或相互冲突的几何关系，应该删除多余的尺寸或约束关系。过定义的草图几何体是红色的（系统默认的设置）。

（4）无效和无解。草图中出现无效和无解时，表示草图中有错误，必须修复。

2.8 草图几何关系

草图几何关系是指草图各几何元素或几何元素与基准面、轴线、边线或端点之间相对位置的关系。例如，两条直线平行或垂直、两圆相切或同心等，均是两几何元素间的几何关系。

2.8.1 添加草图几何关系

在 SolidWorks 中，可自动添加草图几何关系，也可手动添加草图几何关系。

1．自动添加草图几何关系 自动添加草图几何关系是指在绘图过程中，系统根据指针在图形区域中的位置自动生成的几何关系，也可以使用推理线自动生成几何关系。例如两条相互垂直的线段自动添加几何关系的步骤：

（1）选择【直线】绘制按钮，单击起点，到指定位置后鼠标再次单击，绘制一条水平的线段，系统自动为其添加水平的几何关系。

（2）然后将指针置于欲垂直的直线上，再移至相应位置，此时出现蓝色的推理线，单击终点。系统自动为其添加竖直的几何关系，如图 2-46 所示。

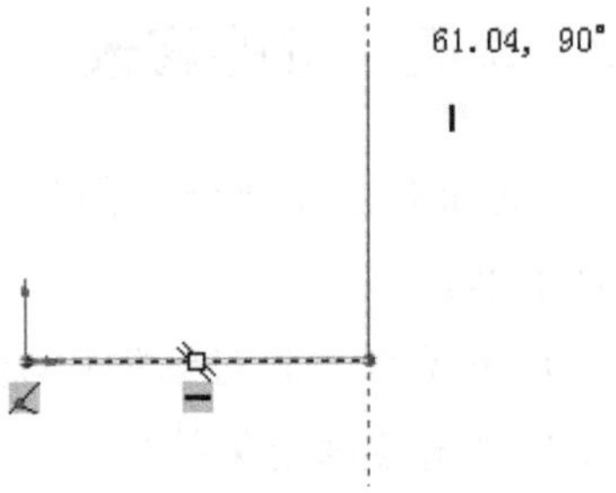

图 2-46 自动添加几何关系

2．手动添加草图几何关系 SolidWorks 只能自动添加有限的几种几何关系，如直线的水平或竖直、直线与圆弧相切、点与点的重合等。有些几何关系系统不能自动产生，用户可以通过 SolidWorks 提供的添加几何关系工具来添加。

例如，两条相互垂直的线段手动添加几何关系的步骤：

（1）首先绘制两条相互垂直的线段。

（2）单击草图工具栏中的【添加几何关系⊥】按钮，或依次单击【工具】→【几何关系】→【添加⊥】。

（3）用鼠标左键依次选择需要添加几何关系的两条线段。

（4）用鼠标左键在【添加几何关系】卷展栏中单击选择两条线段的【⊥垂直】关系。

（5）单击【确定】按钮✓，完成几何关系的手动添加，如图 2-47 所示。

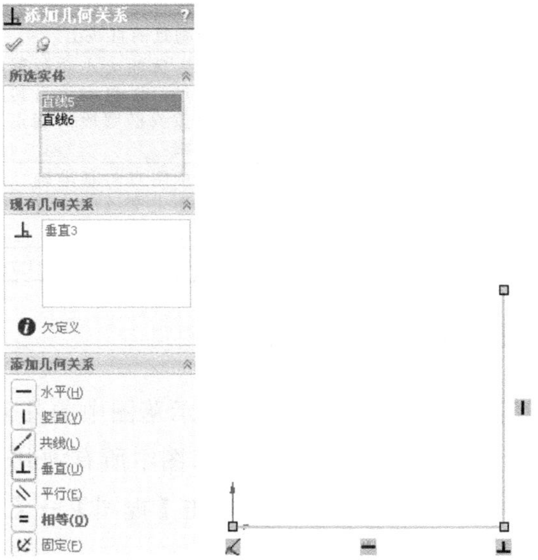

图 2-47 手动添加几何关系

3．不同的草图实体所能添加的草图几何关系列表 草图实体之间存在着平行、同心、相等、相切等几何关系，选择不同的草图实体可添加的几何关系可能不同，如表 2-1 所示。

表 2-1 不同的草图实体所能添加的草图几何关系

几何关系	要选择的实体	所产生的几何关系
水平或竖直	一条或多条直线，两个或多个点	直线会变成水平或竖直（由当前草图的空间定义），而点会水平或竖直对齐
共线	两条或多条直线	项目位于同一条无限长的直线上
全等	两个或多个圆弧	项目会共用相同的圆心和半径
垂直	两条直线	两条直线相互垂直
平行	两条或多条直线 3D 草图中一条直线和一基准面（或平面）	项目相互平行 直线平行于所选基准面
与 YZ 平行	3D 草图中一条直线和一基准面（或平面）	直线相对于所选基准面与 YZ 基准面平行
与 ZX 平行	3D 草图中一条直线和一基准面（或平面）	直线相对于所选基准面与 ZX 基准面平行

（续）

几 何 关 系	要选择的实体	所产生的几何关系
沿 Z	3D 草图中一条直线和一基准面（或平面）	直线与所选基准面的面正交
正切	一圆弧、椭圆或样条曲线，以及一直线或圆弧	两个项目保持相切
同轴心	两个或多个圆弧，或一个点和一个圆弧	圆弧共用同一圆心
中点	两条直线或一个点和一直线	点保持位于线段的中点
交叉	两条直线和一个点	点保持于直线的交叉点处
重合	一个点和一直线、圆弧或椭圆	点位于直线、圆弧或椭圆上
等距	两条或多条直线，两个或多个圆弧	直线长度或圆弧半径保持相等
相等曲率	两条样条曲线	曲率半径和向量（方向）在两条样条曲线之间相符
对称	一条中心线和两个点、直线、圆弧或椭圆	项目保持与中心线相等距离，并位于一条与中心线垂直的直线上
固定	任何实体	实体的大小和位置被固定。然而，固定直线的端点可以自由地沿其下无限长的直线移动。并且，圆弧或椭圆段的端点可以随意沿基本全圆或椭圆移动
穿透	一个草图点和一个基准轴、边线、直线或样条曲线	草图点与基准轴、边线、直线或曲线在草图基准面上穿透的位置重合。穿透几何关系用于使用引导线扫描中
合并点	两个草图点或端点	两个点合并成一个点

2.8.2 显示和删除草图中的几何关系

1. 显示草图中的几何关系 如果用户想要显示草图中的几何关系，可以选择菜单栏中的【视图】→【草图几何关系】，即可显示草图中所有的几何关系。

如果用户不想显示草图几何关系，可再次单击【视图】→【草图几何关系】，则不再显示草图几何关系。

2. 删除草图中的几何关系 如果用户想要删除草图中的几何关系，可在【显示/删除几何关系】对话框中或图标上单击需删除的几何关系，按下键盘上的【Delete】键即可删除，如图 2-48 所示。

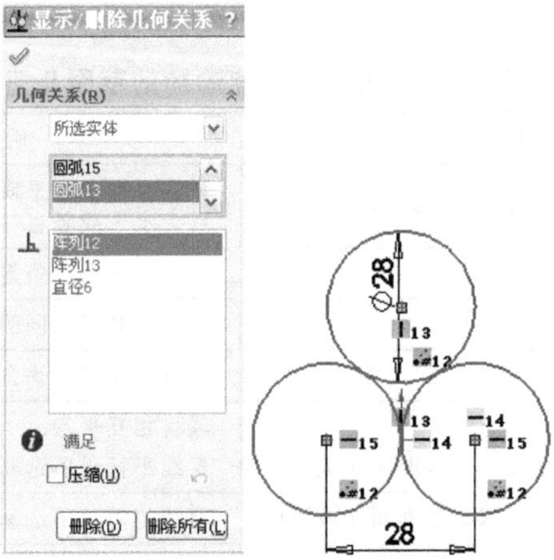

图 2-48 删除草图中的几何关系

2.9 保存二维草图文件

保存二维草图文件是把内存中的草图信息保存到硬盘指定的用户目录下。SolidWorks 提供了两种保存草图文件的方式，如图 2-49～图 2-51 所示。

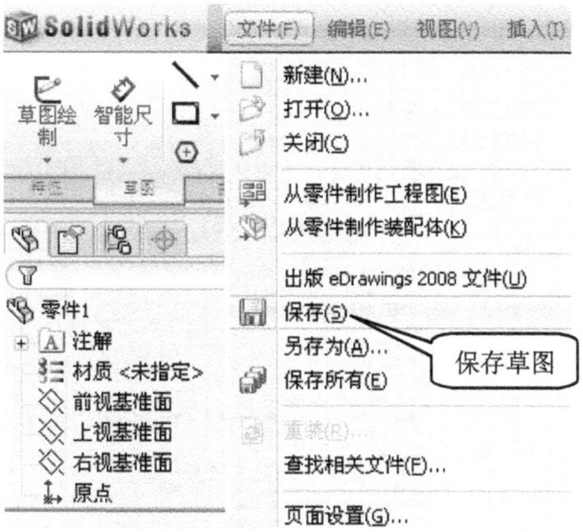

图 2-49 保存草图文件

1. **保存** 单击【文件】→【保存】命令，或在工具栏上单击【保存】按钮，即可保存草图，在文件名中输入文件名称（系统默认的文件名是“零件 1”）此时系统自动添加的文件名是“*.sldprt”，单击【保存】按钮即可保存草图文件。

2. **另存为** 单击【文件】→【另存为】命令，系统弹出【另存为】对话框，在该对话框中，输入“文件名”，同时在【保存类型】的下拉菜单中输入所保存草图文件的类型，单击【保存】按钮即可保存草图文件。

3. **另存备份档** 在保存和另存为草图文件时，在所弹出的【另存为】对话框中，选中【另存备份档】复选框即可将草图文件另存为备份档，如图 2-50 所示。

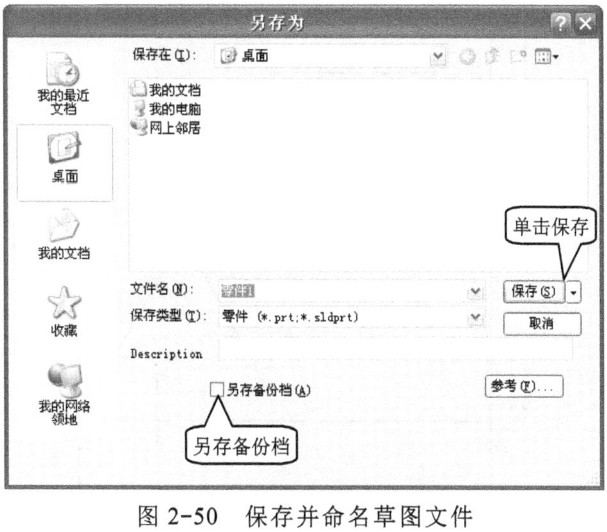

图 2-50 保存并命名草图文件

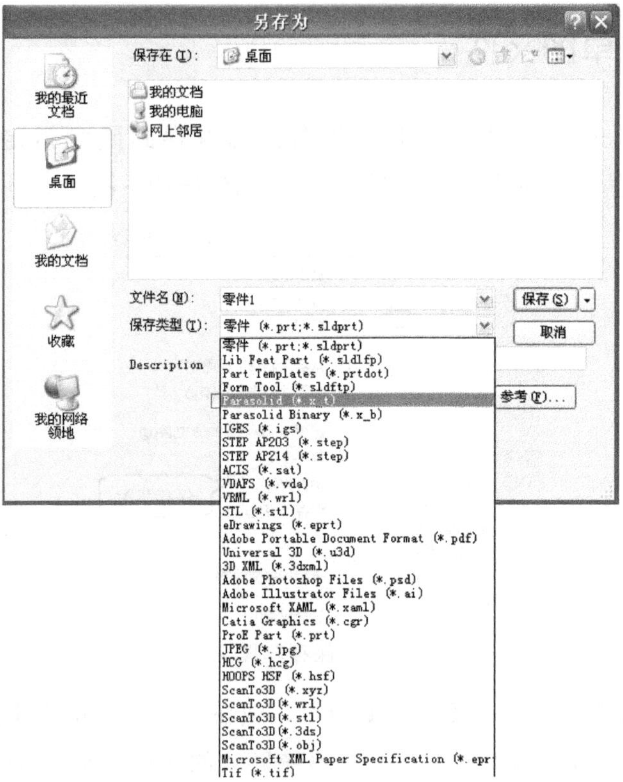

图 2-51　另存为草图文件

2.10　实例：草图的绘制过程

绘制如图 2-52 所示的草图。

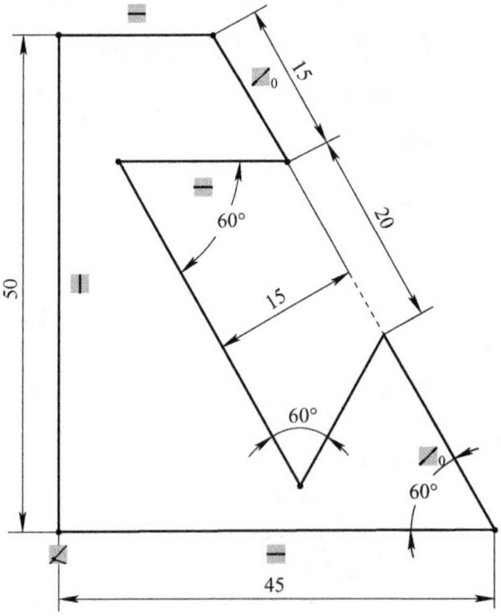

图 2-52　绘制好的草图

（1）在二维草图绘制工具栏中，单击【直线＼】按钮，绘制如图 2-53 所示的草图。

（2）给图 2-53 中的草图添加几何关系，添加好几何关系的草图如图 2-54 所示。

（3）添加好草图几何关系后，给草图标注尺寸，标注好尺寸的草图如图 2-52 所示。

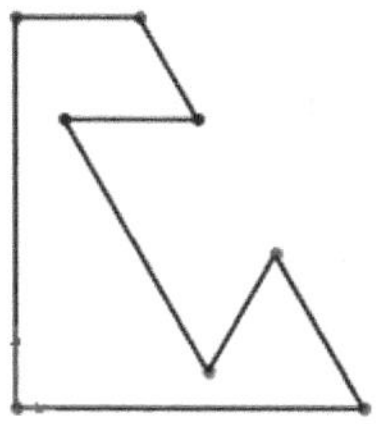

图 2-53　绘制草图

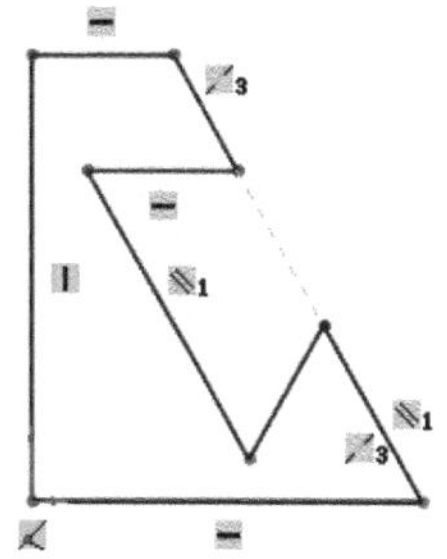

图 2-54　添加草图几何关系

练习 2-1　板的草图的绘制

绘制如图 2-55 所示的草图。

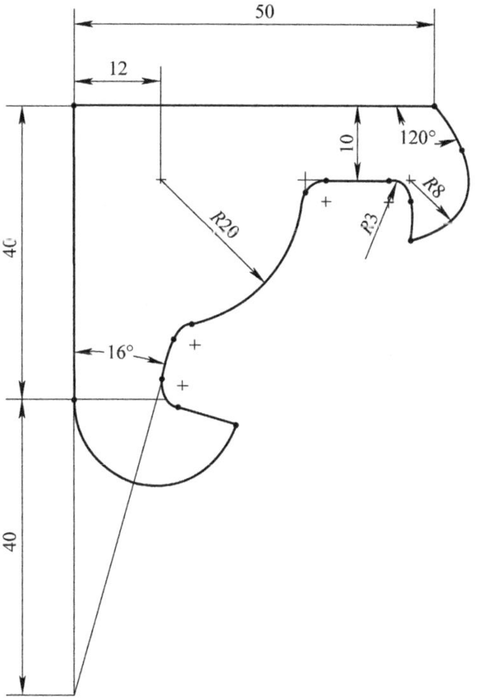

图 2-55　草图绘制练习 2-1

练习 2-2　滑块草图的绘制

绘制如图 2-56 所示的草图。

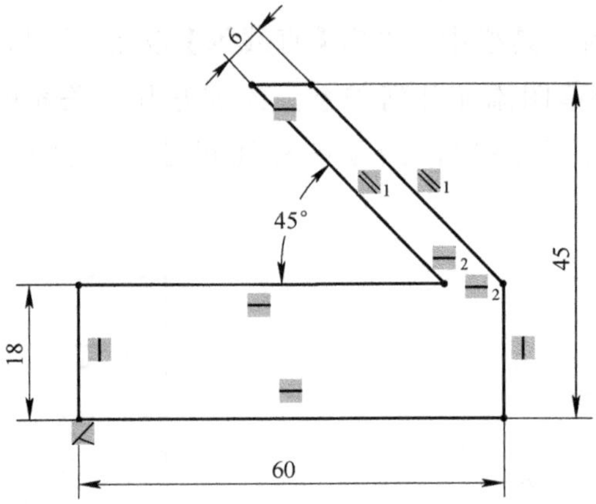

图 2-56　草图绘制练习 2-2

练习 2-3　弯头草图的绘制

绘制如图 2-57 所示的草图。

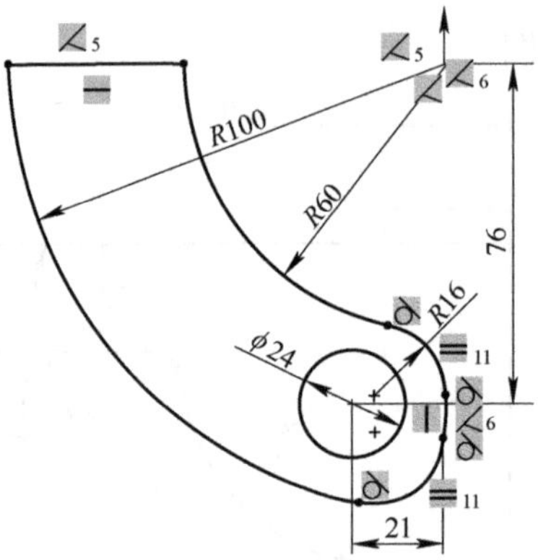

图 2-57　草图绘制练习 2-3

第3章 零件建模

在 SolidWorks 里绘制三维实体零件的一般流程如下：

（1）选择或建立草图基准面，建立必要的参考基准。

（2）在草图基准面上，绘制草图。

（3）应用特征命令，建立零件的特征。

上述流程概括为“先选面，后绘图，再应用特征”。绘制零件草图的平面可以是零件中的三个默认基准面、模型上的平面或参考基准面。根据模型的结构和应用的命令特征，绘制零件的草图可以是开环、闭环、自相交叉或非自相交叉的。

3.1 拉伸特征

拉伸特征是基于草图平面将草图轮廓沿着指定的方向拉伸而形成的实体特征。拉伸特征是三维设计中最常用的特征之一，具有相同截面、可以指定深度的实体零件都可以用拉伸特征建立。

3.1.1 生成拉伸特征的一般步骤

（1）在草图基准面上绘制草图。

（2）单击以下拉伸工具之一：

1）单击特征工具栏上的【拉伸凸台/基体】，或【插入】→【凸台/基体】→【拉伸】。

2）单击特征工具栏上的【拉伸切除】，或【插入】→【切除】→【拉伸】。

3）单击曲面工具栏上的【拉伸曲面】，或【插入】→【曲面】→【拉伸曲面】。

（3）设定相应参数。若想从草图基准面以双向拉伸，则应在方向 1 和方向 2 中设定相应参数。若想拉伸为薄壁特征，则应在薄壁特征中设定相应参数。

（4）单击【确定】按钮。

3.1.2 拉伸特征的基本要素

建立拉伸特征必须给定拉伸特征的有关要素，即草图要素、开始条件、拉伸方向和终止条件，如图 3-1 所示。

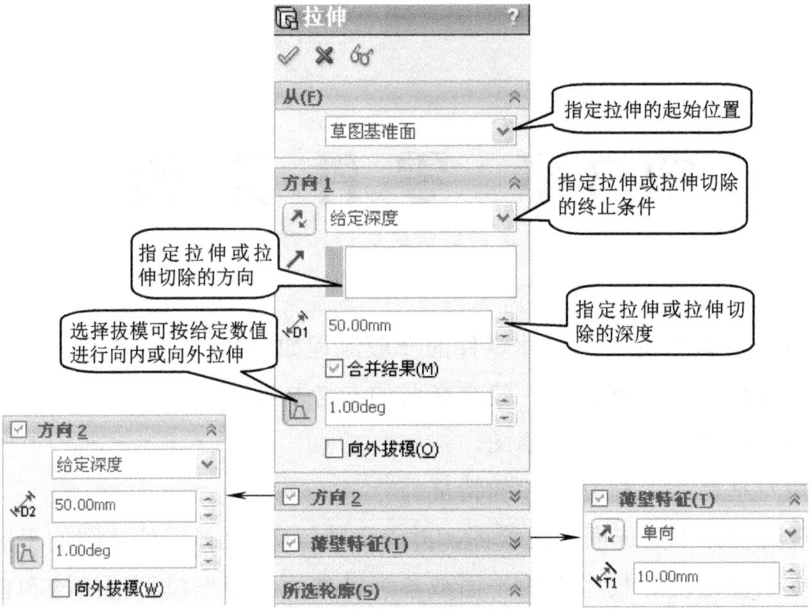

图 3-1　拉伸或拉伸切除命令

1．开始条件（即指定拉伸的起始位置）类型（见图 3-2）

（1）【草图基准面】：从草图所在的基准面开始拉伸。

（2）【曲面/面/基准面】：从曲面、面或基准面之一开始拉伸。

（3）【顶点】：从选择的顶点开始拉伸。

（4）【等距】：从与当前草图基准面等距的基准面上开始拉伸。

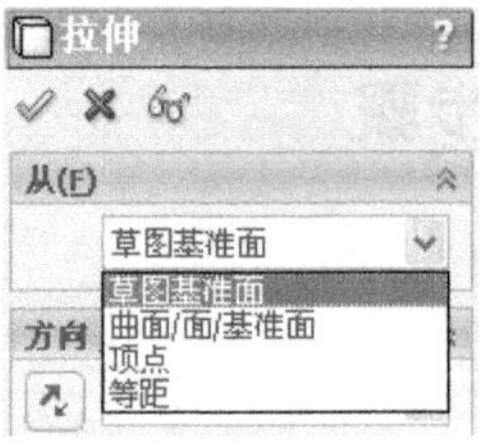

图 3-2　拉伸开始条件

2．终止条件类型（见图 3-3）

（1）【给定深度】：从草图的基准面以指定的距离延伸特征。

（2）【完全贯穿】：从草图的基准面拉伸特征直到贯穿所有现有的几何体。

（3）【成形到下一面】：从草图的基准面拉伸特征到下一面（隔断整个轮廓）以生成特征。

（4）【成形到一顶点】：从草图基准面拉伸特征到一个平面，这个平面平行于草图基准面且包含指定的顶点。

（5）【成形到一面】：从草图的基准面拉伸特征到所选的曲面以生成特征。

（6）【到离指定面指定的距离】：从草图的基准面拉伸特征到某面或曲面的特定距离平移处以生成特征。

（7）【成形到实体】：从草图的基准面延伸特征至指定的实体。

（8）【两侧对称】：从草图基准面向两个方向对称拉伸特征。

图 3-3　拉伸终止条件

3.1.3　拉伸特征的分类

根据拉伸特征形成的形状以及对零件产生的作用（拉伸或切除拉伸），可以将拉伸特征分为实体或薄壁拉伸、凸台/基体拉伸、切除拉伸、曲面拉伸，如图 3-4～图 3-7 所示。

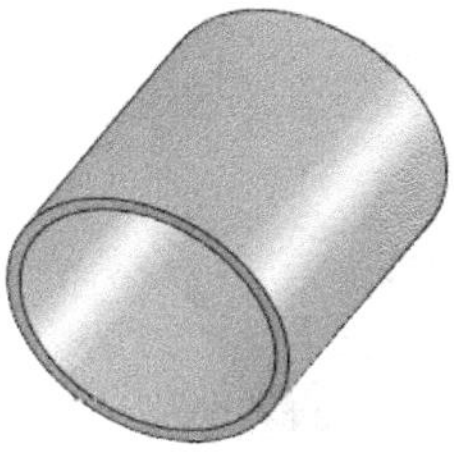

图 3-4　实体或薄壁拉伸

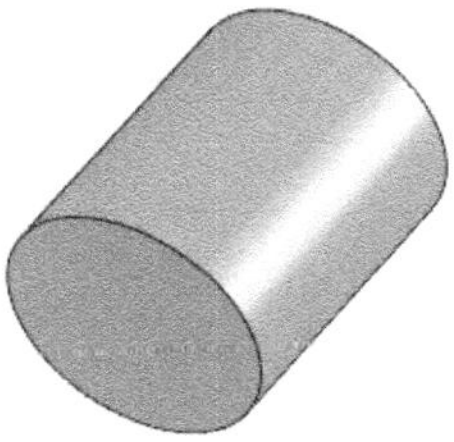

图 3-5　凸台/基体拉伸

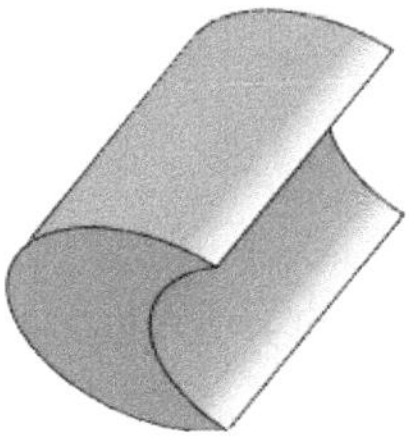

图 3-6　切除拉伸

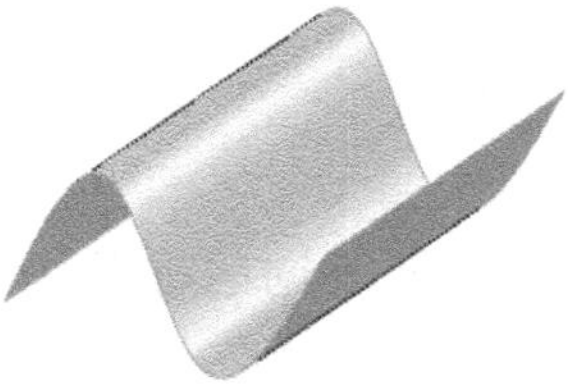

图 3-7　曲面拉伸

3.1.4 拉伸切除特征

拉伸特征是在实体零件上添加材料，而拉伸切除特征则是在原来的实体零件上去除材料，如图 3-8 所示。

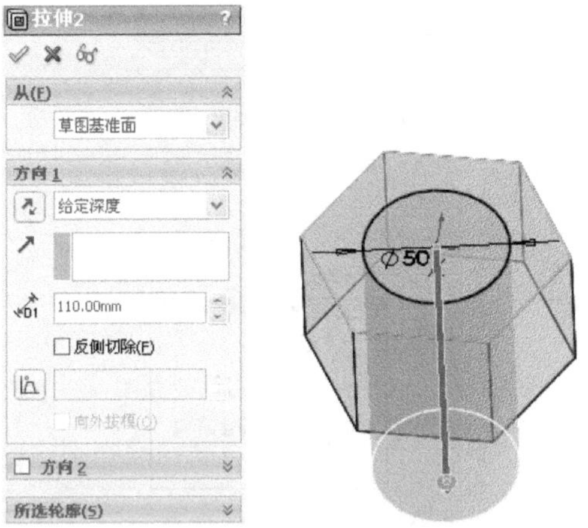

图 3-8　拉伸切除特征

3.1.5 简单直孔

利用简单直孔特征可以直接在所选平面上打孔，如图 3-9 所示。

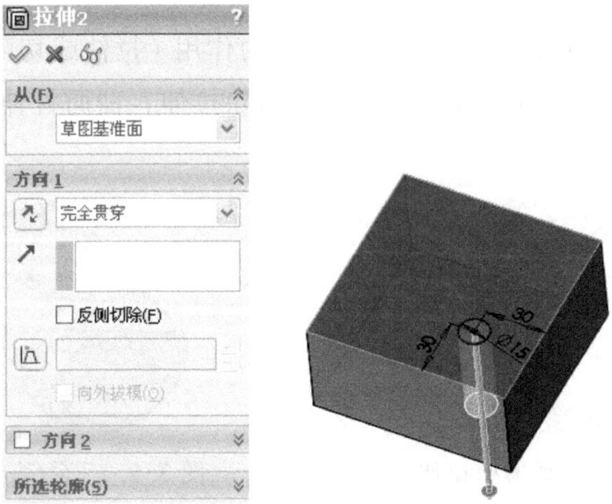

图 3-9　简单直孔

3.1.6 异形孔向导

异形孔向导可以按照不同的标准快速建立各种复杂的异形孔，如柱形沉头孔、锥形沉头孔、螺纹孔或管螺纹孔，如图 3-10 所示。

图 3-10 异形孔向导

3.1.7 镜像

镜像特征是将一个或多个特征沿平面对称复制，生成平面另一侧的特征，如图 3-11 所示。

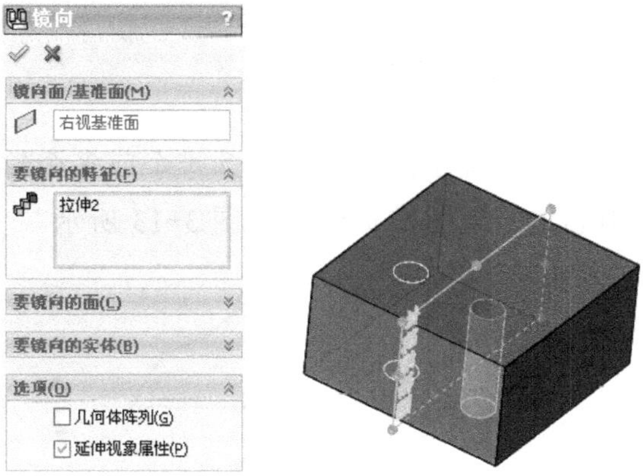

图 3-11 镜像

3.1.8 筋

筋是从开环或闭环绘制的轮廓所生成的特殊类型的拉伸特征。它在轮廓与现有零件之间添加指定方向和厚度的材料，其厚度有单侧和两侧对称之分。另外，拉伸方向需要注意，在实际应用中要根据需要做相应的设置，如图 3-12 所示。

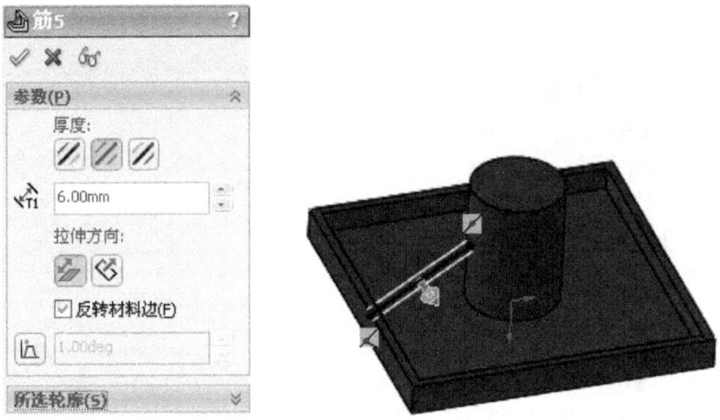

图 3-12　筋

3.2　旋转特征

旋转特征是通过绕中心线旋转一个或多个轮廓来添加或移除材料，旋转可以生成凸台/基体、旋转切除、旋转薄壁或旋转曲面。旋转特征所生成的可以是实体、薄壁特征或曲面。

（1）旋转轴可以是中心线或草图线段（只能为直线）。如果草图中只存在一条中心线，则一般系统会自动认为其作为旋转轴。建议绘制一条中心线作为旋转轴。

（2）旋转剖面应为封闭草图（曲面例外），不可横跨旋转轴，但可与旋转轴接触或部分重合。

3.2.1　生成旋转特征的一般步骤

（1）在草图基准面上绘制一幅草图。草图包含一个或多个轮廓和一条旋转所绕的轴线，该轴线可以是一中心线、直线或边线，如图 3-13 所示。

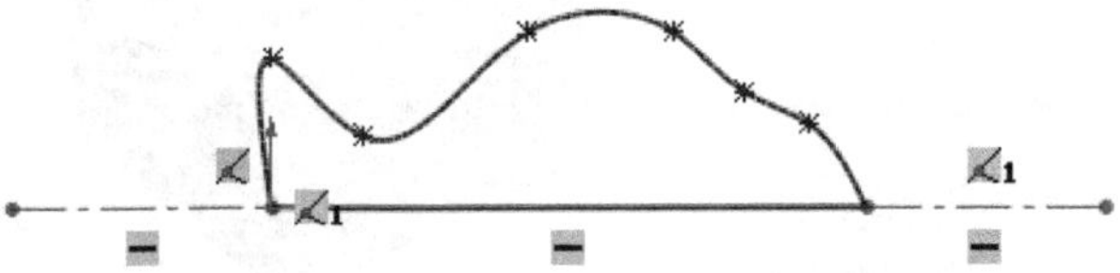

图 3-13　【旋转】的草图

（2）单击以下旋转工具之一：

1）单击特征工具栏上的【旋转凸台/基体】，或【插入】→【凸台/基体】→【旋转】。

2）单击特征工具栏上的【旋转切除】，或【插入】→【切除】→【旋转】。

3）单击曲面工具栏上的【拉伸曲面】，或【插入】→【曲面】→【旋转曲面】。

（3）在【旋转】对话框中设定选项，如图 3-14 所示。

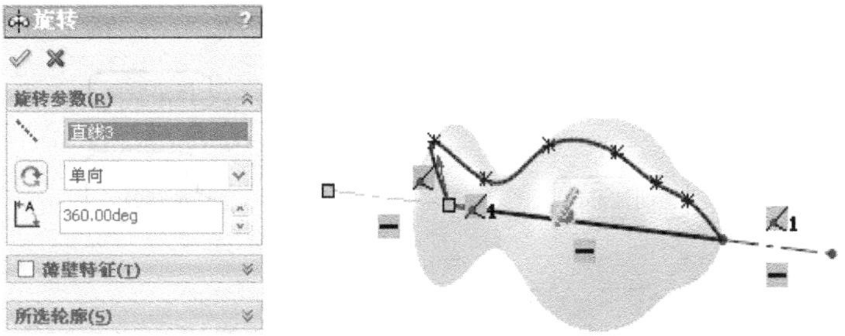

图 3-14 旋转

（4）单击【确定】按钮✓。

3.2.2 旋转特征参数

建立旋转特征必须给定旋转特征的有关要素，即草图要素、旋转轴和旋转类型。旋转可以是旋转凸台/基体、旋转切除、旋转薄壁或旋转曲面。旋转有以下 3 种类型，如图 3-15 所示。

- 【单向】：向一个方向旋转到指定角度。
- 【两侧对称】：对称地向两个方向旋转到指定角度。
- 【双向】：分别向两个方向旋转，分别定义不同的角度。

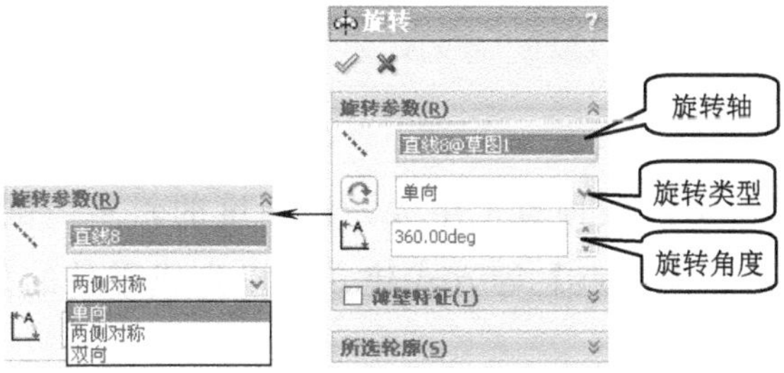

图 3-15 旋转特征参数

3.2.3 抽壳特征

抽壳特征是从一个或多个面开始将零件的内部掏空，去除实体零件内部的材料，将所选面去除并按指定厚度形成薄壁体特征，如图 3-16 所示。

3.2.4 圆角特征

圆角特征用来将零件棱角处的尖角用平滑的圆弧过渡，以生成零件的外圆角或内圆角，如图 3-17 所示。

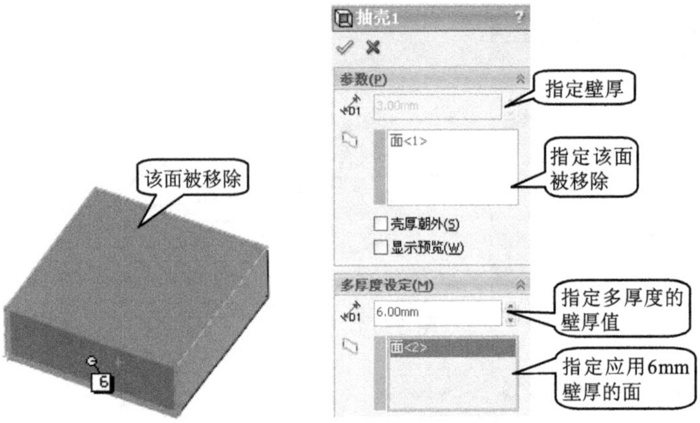

图 3-16　抽壳特征

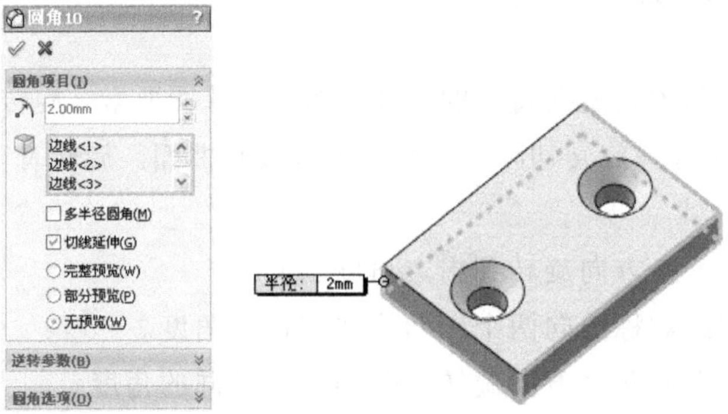

图 3-17　圆角特征

3.2.5　倒角特征

倒角特征是在所选的边线或顶点上生成一定角度的斜角。倒角可以按照【角度-距离】、【距离-距离】、【顶点】等方式建立，以生成零件的外倒角或内倒角，如图 3-18 所示。

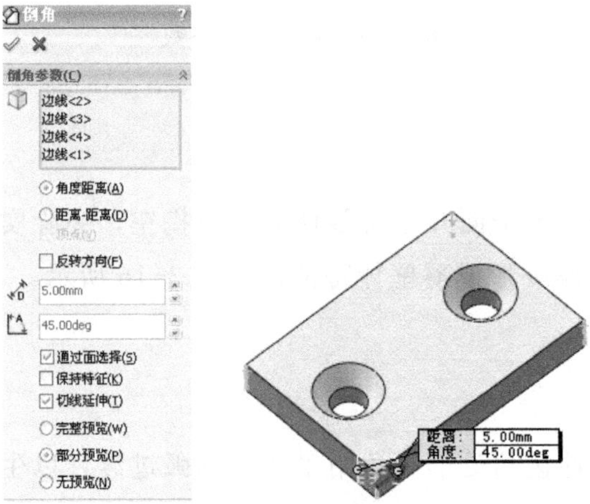

图 3-18　倒角特征

3.2.6 线性阵列

将特征沿一条或两条直线路径阵列称为线性阵列，如图 3-19 所示。

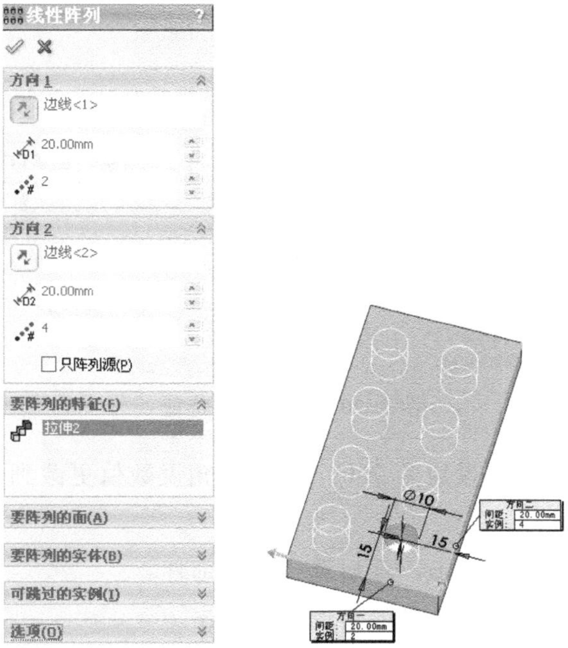

图 3-19 线性阵列特征

3.2.7 圆周阵列

将特征绕一条轴线以圆周阵列的方式生成一个或多个特征的建模方式称为圆周阵列。对于阵列轴，选择下列之一：

➢ 圆形边线或草图直线。

➢ 线性边线或草图直线。

➢ 圆柱面或曲面。

➢ 旋转面或曲面。

圆周阵列特征如图 3-20 所示。

生成圆周阵列的步骤：

（1）单击【插入】→【阵列/镜向】→【圆周阵列】。

（2）在【圆周阵列】对话框中，设置圆周阵列的参数：

1）选择一条阵列轴；如需反向，单击。

2）为角度键入一数值，此数值为实例中心之间的圆周数值。

3）为实例数键入一数值，此数值为包括源零部件的实例总数。

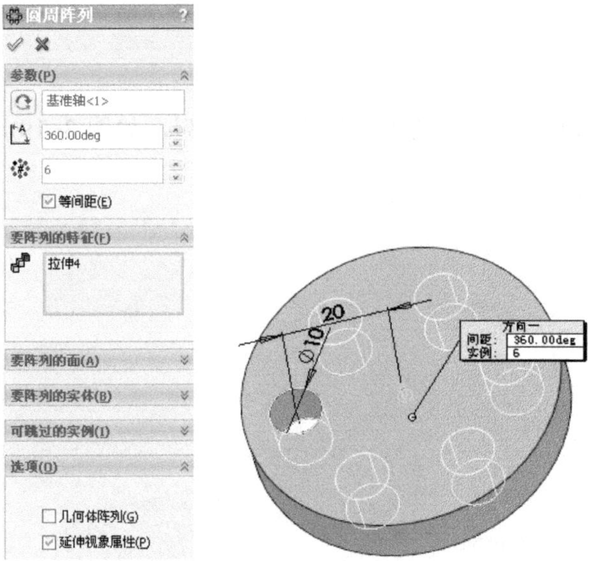

图 3-20　圆周阵列特征

4）选择等间距将角度设定为 360°，也可将角度数值更改到一不同角度，实例会沿总角度均等放置。

（3）在要阵列的零部件单击，然后选择源零部件。

（4）若想跳过实例，在可跳过的实例中单击。

（5）欲恢复实例，选择要跳过的实例框中的实例然后按【Delete】。

（6）单击【确定】按钮。

3.2.8　查看模型剖面视图

查看模型剖面视图就是利用一个或多个基准面对模型进行假象剖切，从而可以查看被剖切后模型内部的形状特征，如图 3-21 所示。

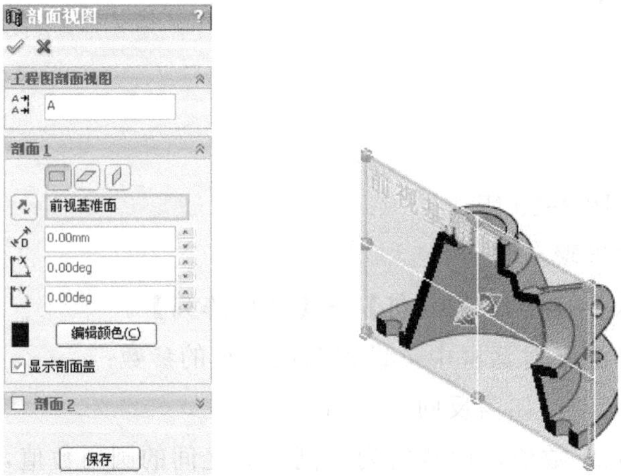

图 3-21　剖面视图

3.3 扫描特征

扫描特征通过沿着一条路径移动轮廓（截面）来生成基体、凸台、切除或曲面，扫描特征的建模过程可以理解为：将一块圆盘穿在钢丝上，圆盘从钢丝一端滑至另一端，圆盘扫略过的空间即为扫描所生成的特征。扫描特征比较复杂，至少需要两个草图，并且草图平面不能平行（包括重合）。应用扫描特征应遵循以下规则：

- 基体或凸台的扫描特征轮廓必须是闭环的；曲面的扫描特征轮廓可以是闭环的，也可以是开环的。
- 路径可以是开环或闭环的，扫描的路径可以是一张草图、一条曲线或一组模型边线中包含的一组草图曲线。
- 路径的起点必须位于轮廓的基准面上。
- 不论是截面、路径或所形成的实体，都不能出现自相交叉的情况。
- 引导线必须与轮廓或轮廓草图中的点重合。
- 扫描可以采用简单扫描或带引导线扫描。若采用带引导线扫描，一般建议先绘制路径及引导线，再绘制轮廓。

3.3.1 扫描或扫描切除特征的一般步骤

（1）在一个基准面或面上，绘制一个闭环的非相交轮廓。

（2）生成扫描的路径，该路径是轮廓将遵循的路径，可以使用草图、现有的模型边线或曲线作为路径。

（3）单击以下扫描工具之一：

- 单击特征工具栏上的【扫描】，或【插入】→【凸台/基体】→【扫描】。
- 单击特征工具栏上的【扫描切除】，或【插入】→【切除】→【扫描】。
- 单击曲面工具栏上的【扫描曲面】，或【插入】→【曲面】→【扫描曲面】。

（4）在【扫描】对话框中：

- 在图形区域中选择一幅草图作为轮廓。
- 在图形区域中选择一幅草图作为路径。

扫描特征的效果如图 3-22 所示。

（5）设定其他参数。

（6）单击【确定】按钮。

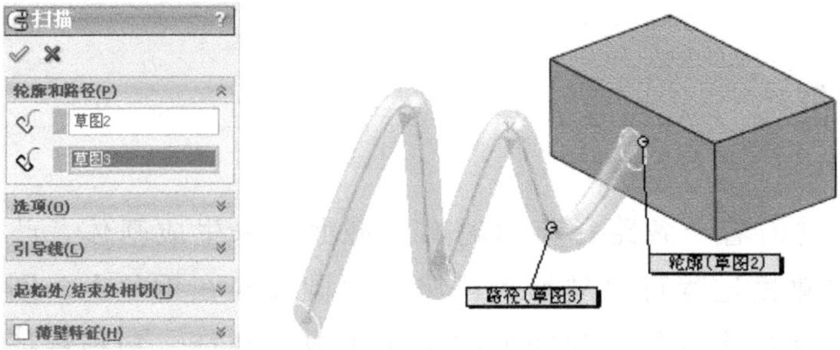

图 3-22　扫描特征的效果

3.3.2　扫描基体/凸台

在图形区域中选择草图 4 作为扫描轮廓，选择草图 1 作为扫描路径，然后选择草图 2 和草图 3 作为扫描的引导线，扫描的结果如图 3-23 所示。

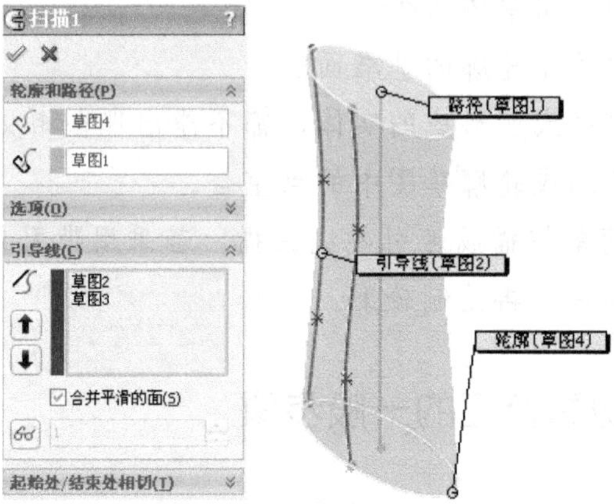

图 3-23　扫描基体/凸台的结果

3.3.3　扫描切除

在图形区域中选择草图 3（直径为ϕ10 的圆）作为扫描轮廓，选择草图 4（螺旋线/涡状线 1）作为扫描路径，扫描切除的效果如图 3-24 所示。

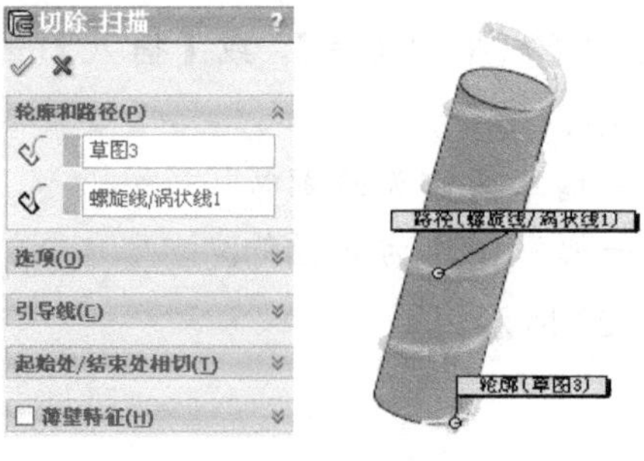

图 3-24　扫描切除的结果

3.3.4 扫描曲面

在图形区域中选择草图 1 作为扫描轮廓，选择草图 2 作为扫描路径，扫描曲面的结果如图 3-25 所示。

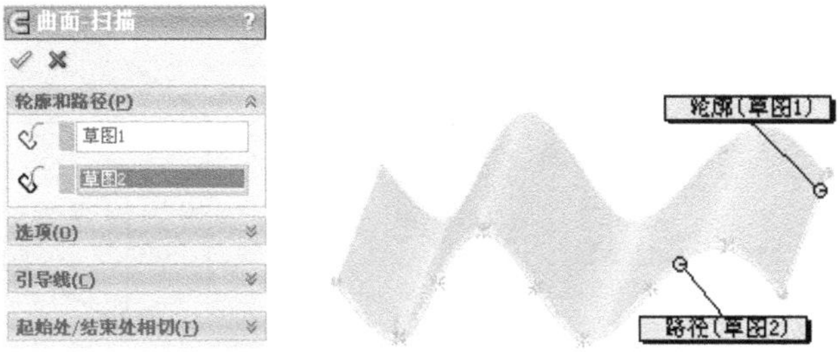

图 3-25　扫描曲面的结果

3.4 放样特征

放样通过在轮廓之间进行过渡生成特征。使用放样特征时，可以使用两个或多个轮廓生成放样，对于多个轮廓生成放样，第一个或最后一个轮廓可以是点，也可以这两个轮廓均为点。

3.4.1 放样特征条件和类型

放样特征生成的可以是基体/凸台、放样切除或放样曲面。放样可以使用引导线或中心线参数控制放样特征的中间轮廓。放样特征可以分为下列 5 种类型。

（1）简单放样。

（2）使用空间轮廓线放样。

（3）用分割线放样。

（4）使用平面轮廓引导线放样和使用空间轮廓引导线放样。

（5）使用中心线放样。

3.4.2 简单放样

简单放样就是不设置引导线的一种放样方法，如图 3-26 所示。

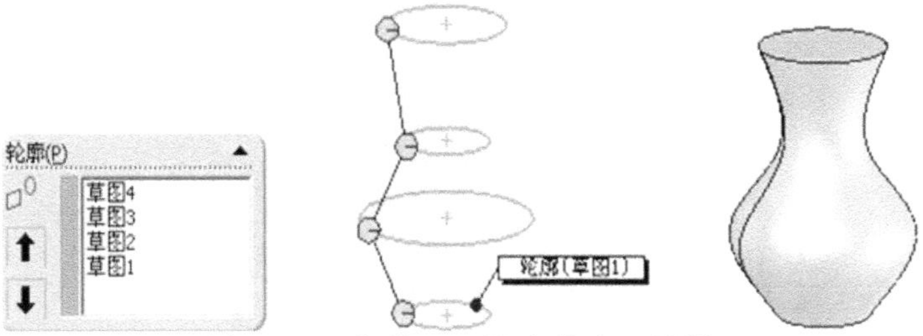

图 3-26　简单（平滑多轮廓）放样

3.4.3 使用空间轮廓线放样

使用空间轮廓线放样就是指放样的轮廓线中至少有一个是三维的空间轮廓线，空间轮廓线可以是模型边线，如图 3-27 所示。

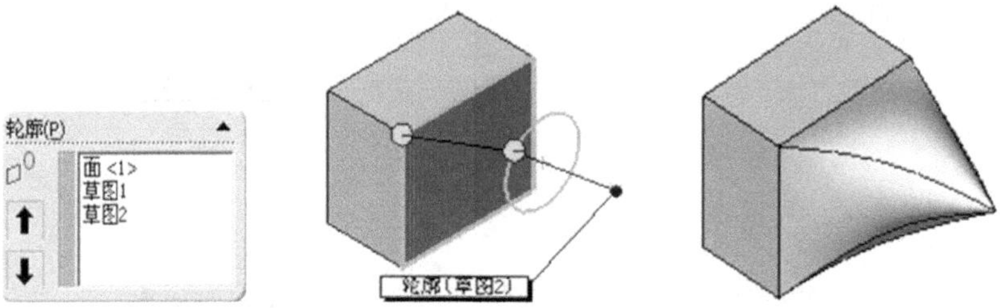

图 3-27　空间轮廓放样

3.4.4 使用分割线放样

使用分割线放样是利用分割线在模型面上建立一个空间轮廓来生成放样特征，如图 3-28 所示。

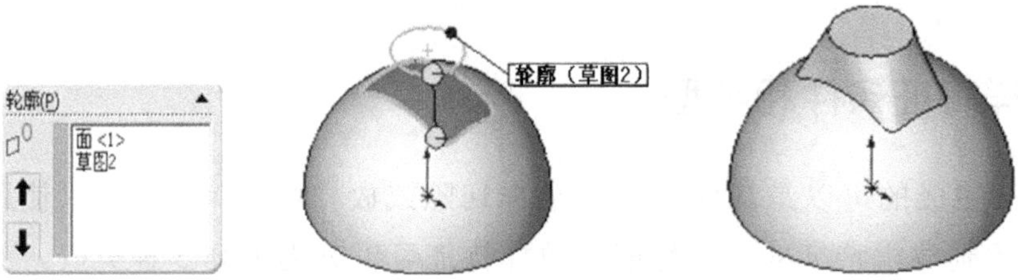

图 3-28　分割线放样

3.4.5 使用引导线放样

引导线放样是使用一条或多条引导线连接轮廓生成放样特征，轮廓线可以是平面或空间的轮廓线，由引导线来控制特征中间的轮廓线形，如图 3-29 所示。

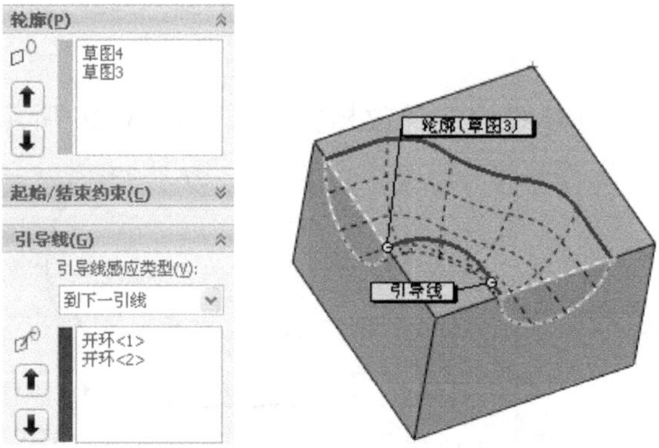

图 3-29　使用引导线放样

3.4.6 使用中心线放样

用中心线控制放样是利用一条曲线为中心线生成放样特征，且特征的每个截面都与中心线垂直，中心线必须与轮廓相交于轮廓内部，如图 3-30 所示。

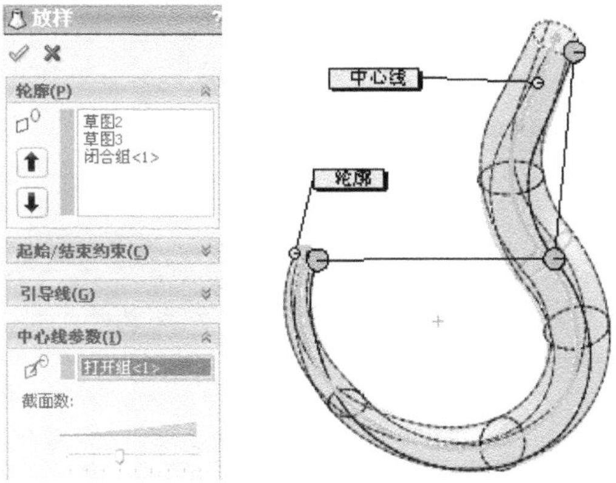

图 3-30 使用中心线放样

3.5 加厚特征

通过加厚一个或多个相邻曲面来生成实体特征。如果想加厚的曲面由多个相邻的曲面组成，则必须先缝合曲面才能加厚曲面。

3.5.1 加厚曲面

加厚一个曲面的操作步骤如下所述。

（1）单击特征工具栏上的【加厚】，或单击【插入】→【凸台/基体】→【加厚】。

（2）在图形区域选择一个需要加厚的曲面，输入一个厚度的值，然后选择想加厚的曲面侧边，当选择加厚两侧时，将添加厚度到指定曲面的两侧，如图 3-31～图 3-33 所示。

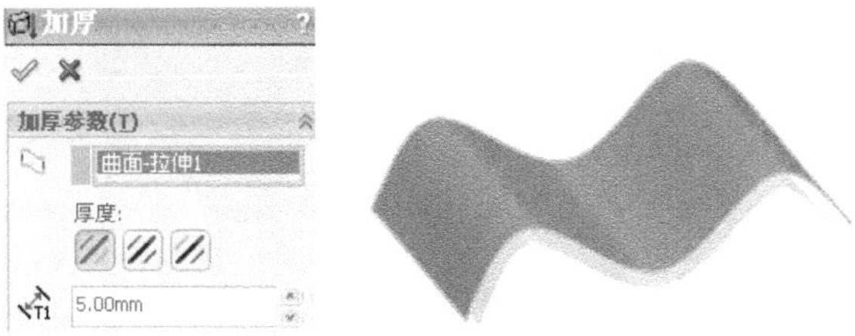

图 3-31 加厚侧边 1

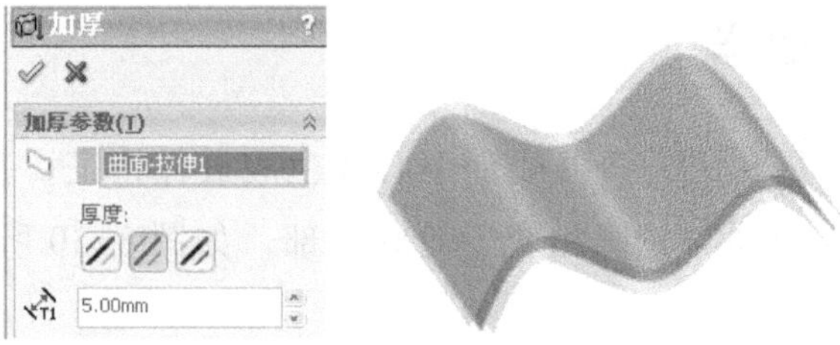

图 3-32　加厚两侧

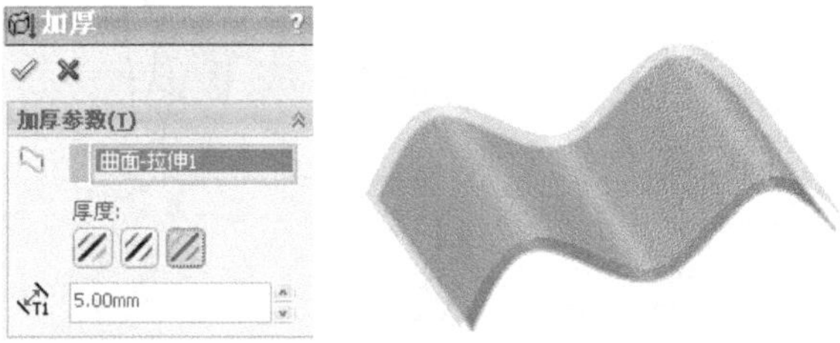

图 3-33　加厚侧边 2

（3）单击【确定】按钮。曲面加厚的前后效果如图 3-34 和图 3-35 所示。

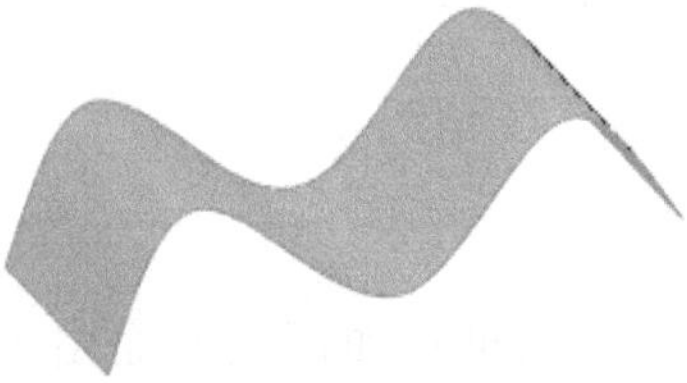

图 3-34　原始曲面

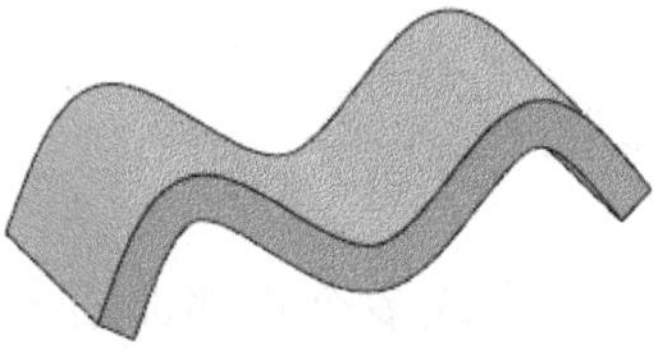

图 3-35　加厚的曲面

3.5.2　通过加厚曲面在已有的实体上切除实体

加厚一个曲面来切除实体并生成多实体零件的操作步骤如下所述。

（1）单击特征工具栏上的【加厚切除】，或【插入】→【切除】→【加厚】。

（2）在图形区域选择一要加厚的曲面。若要切除多实体零件，则需设定【特征范围】选项，然后选择想加厚的曲面侧边。如图 3-36 所示为加厚两侧选项切除实体的示例：

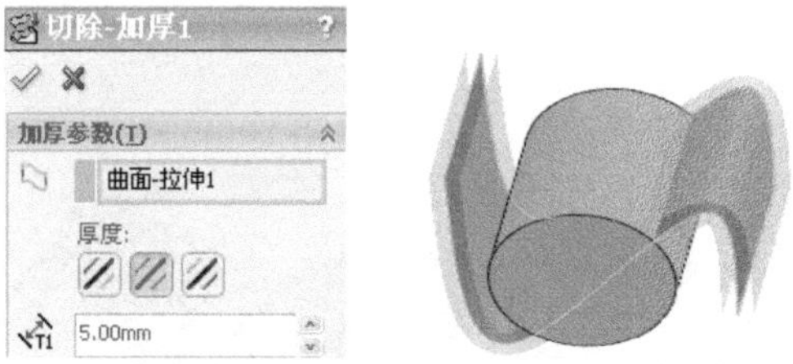

图 3-36　加厚曲面两侧切除实体

（3）单击【确定】按钮。要保留的实体对话框出现，可保留生成多实体零件。

（4）选择所有实体或所选实体选项。若要选取所选实体选项，则对话框将扩展以显示可用实体的数量。选中想保留的实体的复选框，如图 3-37、图 3-38 所示。

（5）单击【确定】按钮✓。

图 3-37　所有实体

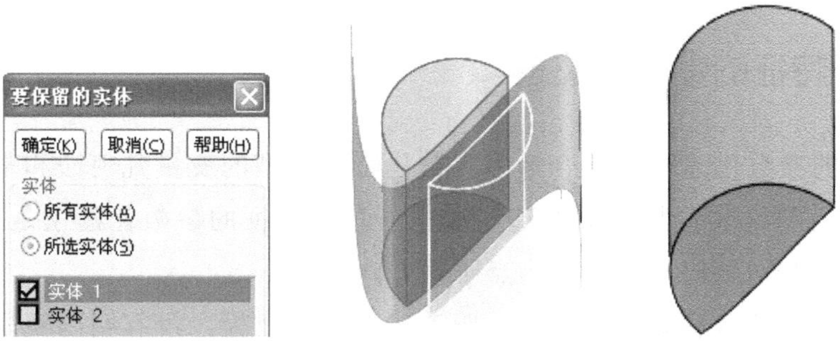

图 3-38　所选实体

3.6　SolidWorks 系列零件的参数化建模

目前，SolidWorks 参数化建模技术大致可分为如下三种方法：

- 基于尺寸驱动的参数化建模。
- 基于约束驱动的参数化建模。
- 基于特征模型的参数化建模。

3.6.1　基于尺寸驱动的参数化建模

基于尺寸驱动的参数化建模的方法是，通过对模型的几何尺寸进行修改，实现对图形的修改。它是应用最为广泛的建模方法，也是最基本的方法。事实上，无论其他的方法利用什么来改变图形，实际上都是通过几何尺寸的改变来实现的。比如，在 SolidWorks 中建立一个实体，在实体上标明尺寸，尺寸线可以看成一个有向线段，上面的尺寸数字就是参数名，其方向反映了几何数据实体和参数间的关系，由用户输入的参数名找到对应的实体，进而根据参数值对实体进行编辑修改。

3.6.2 基于约束驱动的参数化建模

在维持几何约束关系不变的前提条件下，通过对约束值的修改实现系统的变化。几何约束驱动本质上是一个几何实体约束满足的过程，它通过一定的约束规划和推理方法，实现几何实体的空间定位。

基于几何约束的参数化建模，用几何约束来表达产品模型的形状特征，定义一组参数以控制设计结果，从而能够通过调整参数来修改设计模型。产品模型的修改通过尺寸驱动实现，通过给定的几组参数值，实现系列零件或标准件的自动生成。约束的引入使对设计目标依赖关系的描述成为可能。

3.6.3 基于特征的参数化建模

基于特征的参数化建模，综合运用参数化特征造型的变量几何法和基于生成历程法这两种造型方法，实现特征的构造和编辑。基于特征的参数化建模是新兴的 CAD 建模方法，是 CAD/CAPP/CAM 的热点研究方向。

几种建模方法各有利弊：基于尺寸驱动的参数化建模，没有明确模型的几何约束关系，所以只能通过参数改变模型的大小，却不能改变零件之间的约束关系，但建模方法简单，易于实现；基于约束驱动的参数化建模，需要将工程约束降解为几何约束，无形中增加了建模的难度，但它彻底克服了自由建模的无约束状态，集合形状均以尺寸约束和形位约束的形式而被牢牢地控制住；基于特征的参数化建模，一般应用于复杂产品，比如飞机涡轮发动机，它能够完整表达产品的工程语义信息和形状信息，但复杂程度高也是它的巨大缺点。

SolidWorks 本身具有基本的特征建模工具，对于形状简单的产品无需开发高级曲线建模方法。利用二次开发的 SolidWorks 参数化建模有两种方法，一种是利用宏录制整个建模过程，从无到有地生成模型，即自下而上地建立模型；另一种则是先建立拥有完整产品信息的模型，再利用 API 修改某些参数从而产生系列化产品，即自上而下地建立模型。

3.6.4 实例：基座的参数化建模过程

下面以基座为例，如图 3-39 所示，说明在 SolidWorks 中实现系列化零件参数化建模的过程。系列化基座零件的主要尺寸如表 3-1 所示。

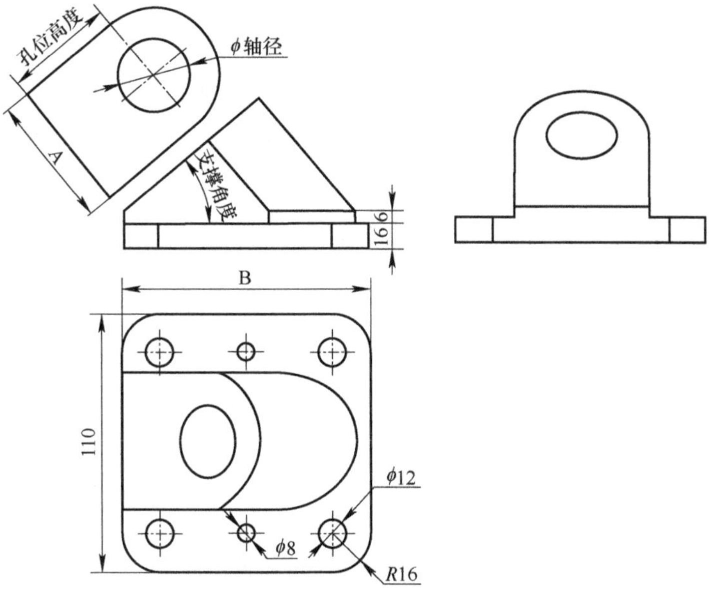

图 3-39 基座的工程图

表 3-1 系列化基座零件的主要尺寸

零件规格及参数表			
规 格	24-32-60	25-40-45	32-25-40
轴径（mm）	24	25	32
孔位高度（mm）	32	40	25
支撑角度（°）	60	45	40
A（mm）	50	50	60
B（mm）	120	100	110

1．三维实体建模

（1）利用 SolidWorks 的三维建模功能，选取表 3-1 中规格为 24-32-60 的零件作为基准模型，建立基座的三维模型，建好的三维模型如图 3-40 所示。

（2）基准模型建好后，在基准模型里，将每个零件的尺寸标上唯一的系统默认名称，这些名称最好是具有工程意义的名字，这样可为后续的利用方程式、电子表格及共享数据链接方法建立约束做好准备，也便于在程序编制中使用。

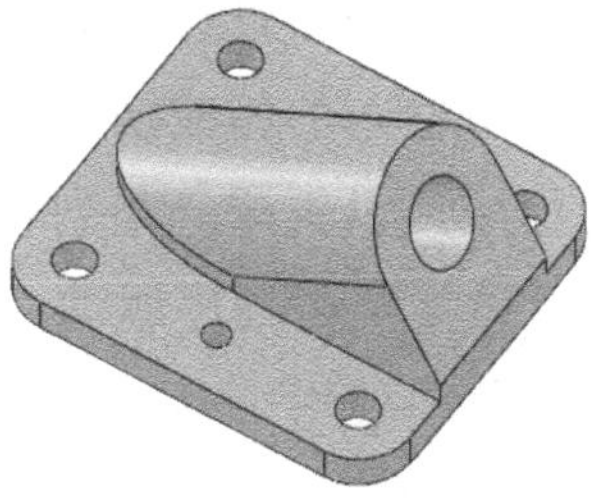

图 3-40 基座的三维模型

2．基于尺寸驱动的参数化建模 系列零件具有外形相同而尺寸不同的特点，因此对系列化零件进行参数化建模时，可以先按一个零件的尺寸生成三维模型，其余零件的三维模型通过对该模型的几何尺寸进行修改即可得到。

在本例中，以表 3-1 中规格为 24-32-60 的零件作为基准模型，对规格为 25-40-45 的基座模型，只要将图 3-39 中模型 24-32-60 的轴径、孔位高度、支撑角度、B 依次更改为 25、40、45、100 即可。

规格为 32-25-40 的基座模型的建立方法与此相同。建好的三维模型如图 3-41 所示。

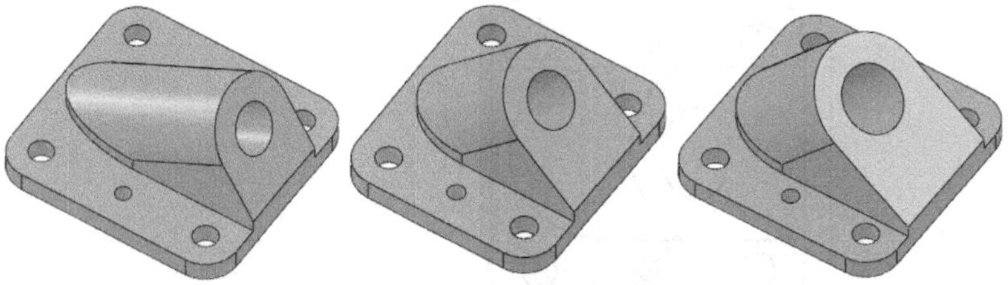

图 3-41　基座的参数化模型

3．利用共享数值实现零件不同特征的联动　共享数值链接使用命名变量链接尺寸数值，使相同名称的尺寸具有相同的数值。当几何要素的尺寸用这种方式链接起来后，组中任何成员都可以当成驱动尺寸来使用，改变尺寸链接数值中的任何一个数值，都会改变与其链接的所有其他尺寸数值，即使是在不同草图中的尺寸也不例外。

具体做法是：在建好的规格为 24-32-60 基座的三维模型中，把孔位高度的尺寸设置成链接数值并重新命名，然后将底板厚度的尺寸标注链接到刚刚命名的共享数值名即可，没有先后顺序。应用链接数值后可以保证在模型中孔位高度和底板厚度的尺寸同步改变。

4．结合编程将多种方法结合进行最优化设计　SolidWorks 支持多种高级语言的二次开发，但只有 VisualC++能实现与 SolidWorks 的无缝结合。通过 SolidWorks 的 API 接口，将零件模型的结构和尺寸全部以参数的形式表达，由程序控制零件模型的设计和特征构建。程序设计时无需考虑零件尺寸的大小，全部用变量表示，在一个用户界面上由用户输入的相应的参数，由程序驱动 SolidWorks 得到所需的三维模型。虽然一个应用程序可以生成一系列相似的零件，且界面清晰、操作方便，但是编程工作量较大，图形设计全由程序驱动，不能充分发挥 SolidWorks 强大的交互绘图功能及内部计算功能。单纯使用 API 方法进行开发已有大量文献资料，不再重复。本文推荐的是采用 API 外层程序，根据用户要求查询系列化零件列表中的相应实例进行激活显示，如果查询不到，还可以添加实例进行创建，此方法是前几种方法的综合运用。整体交互作用过程如图 3-42 所示。

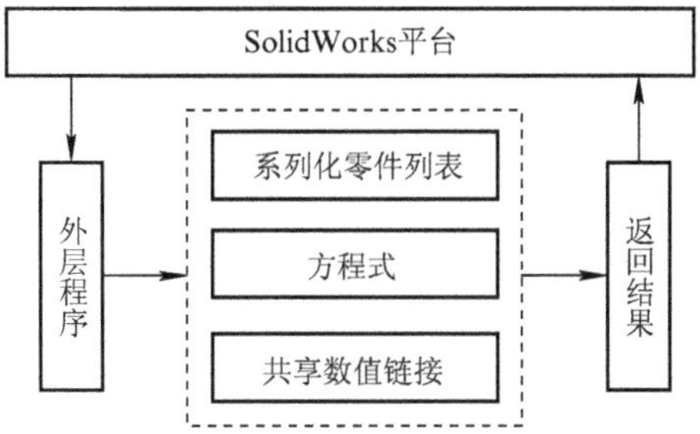

图 3-42 整体交互过程

整体交互过程首先利用 SolidWorks 的特征造型技术建立一个能够反映同类零件所有特征的三维实体模型，通过方程式、共享数值链接及系列化零件列表对图形施加约束，再利用 Visual C++或其他高级语言对 SolidWorks 二次开发。

3.7 实例：连接块的三维建模

建立如图 3-43 所示的连接块的三维模型。

（1）在二维草图绘制工具栏中，单击【圆 】命令按钮，绘制如图 3-44 中所示的草图。

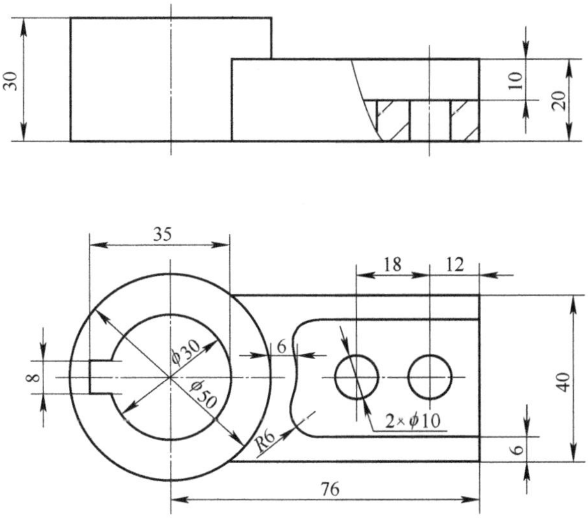

图 3-43 连接块

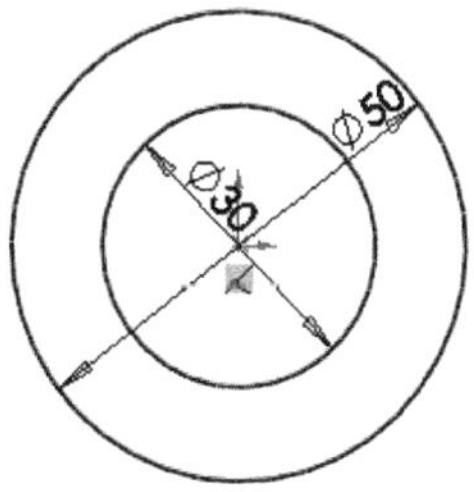

图 3-44 草图 1

（2）单击特征工具栏上的【拉伸凸台/基体 】命令按钮，拉伸草图 1，拉伸好的实体如图 3-45 所示。

（3）在二维草图绘制工具栏中，单击【边角矩形 】命令按钮，绘制图 3-46 中所示的草图 2。

（4）单击特征工具栏上的【拉伸凸台/基体 】命令按钮，拉伸草图 2，拉伸好的实体如图 3-47 所示。

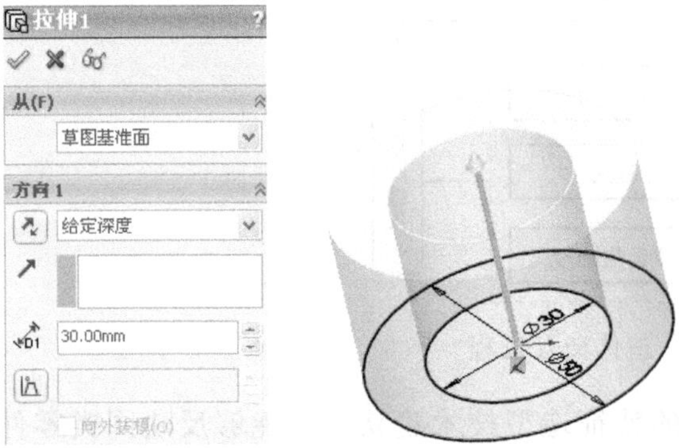

图 3-45　拉伸草图 1

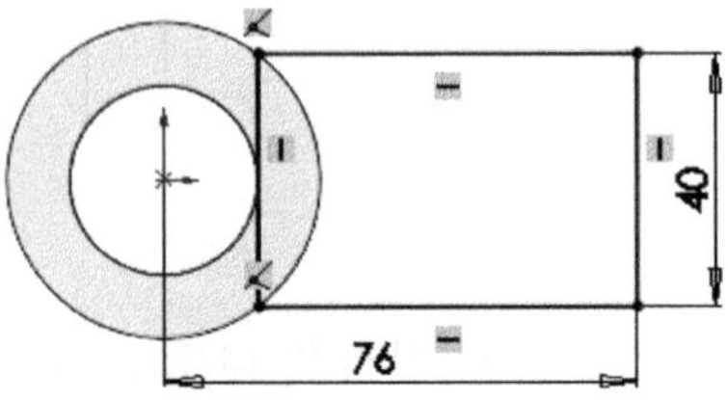

图 3-46　草图 2

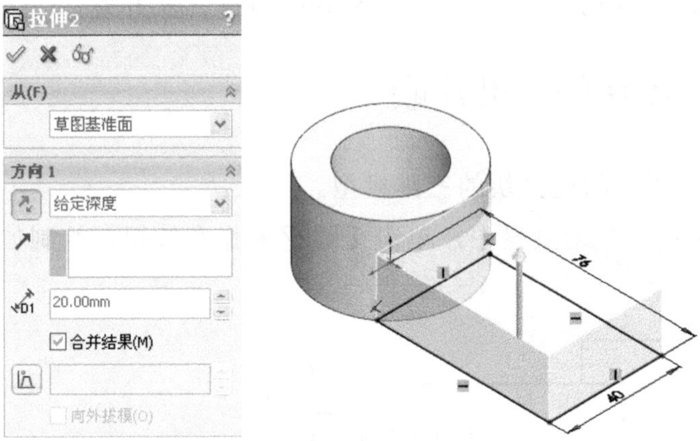

图 3-47　拉伸草图 2

（5）在二维草图绘制工具栏中，单击【等距实体】命令按钮，绘制如图 3-48 中所示的草图 3。

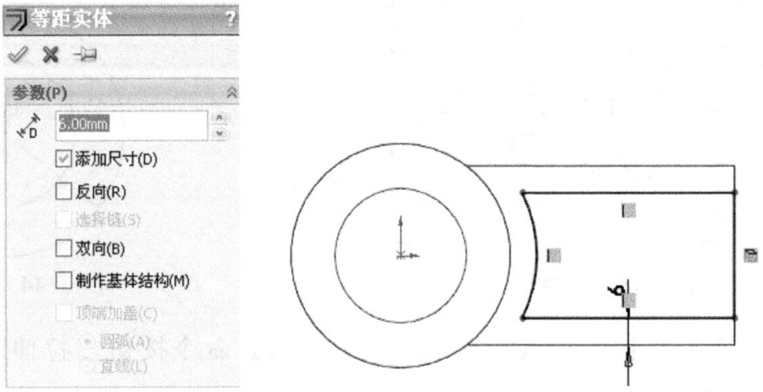

图 3-48　草图 3

（6）单击特征工具栏上的【拉伸切除】命令按钮，拉伸切除草图 3，拉伸切除好的实体如图 3-49 所示。

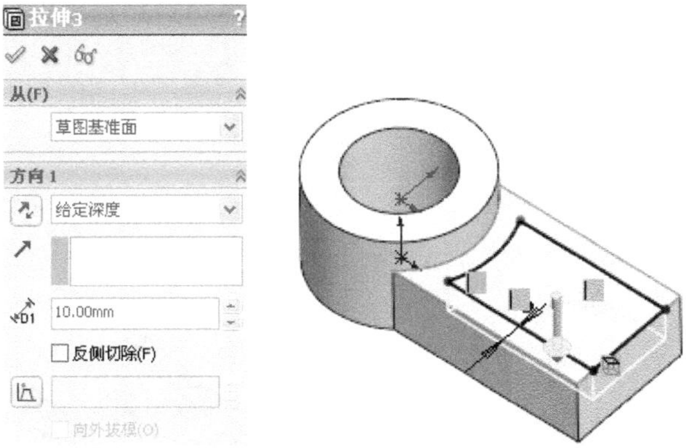

图 3-49 拉伸切除草图 3

（7）在二维草图绘制工具栏中，单击【圆 】命令按钮，绘制如图 3-50 中所示的草图 4。

（8）单击特征工具栏上的【拉伸切除 】命令按钮，拉伸切除草图 4，拉伸切除好的实体如图 3-51 所示。

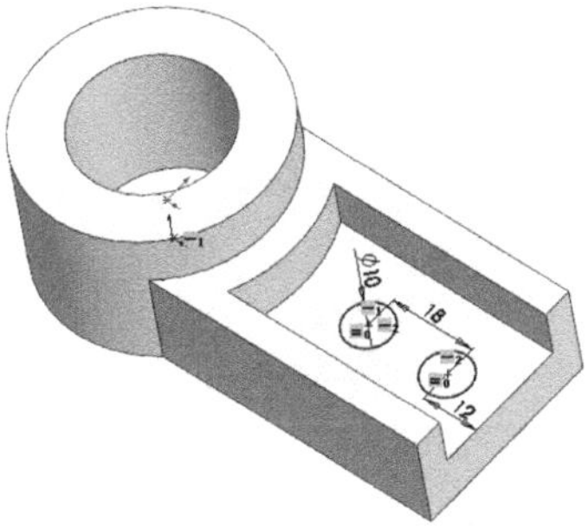

图 3-50 草图 4

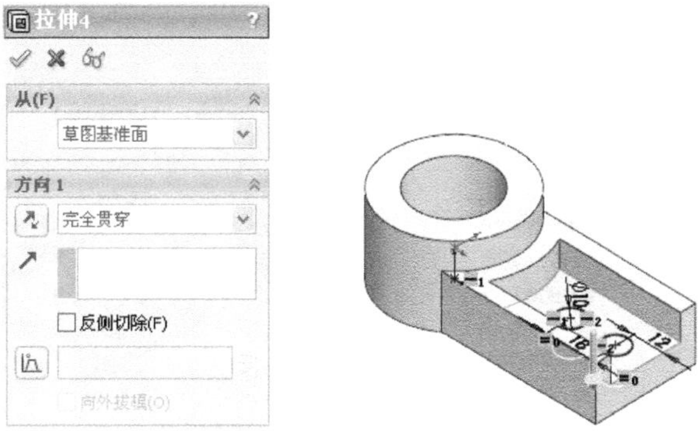

图 3-51 拉伸切除草图 4

（9）在二维草图绘制工具栏中，单击【直线 】按钮，绘制如图 3-52 中所示的草图 5。

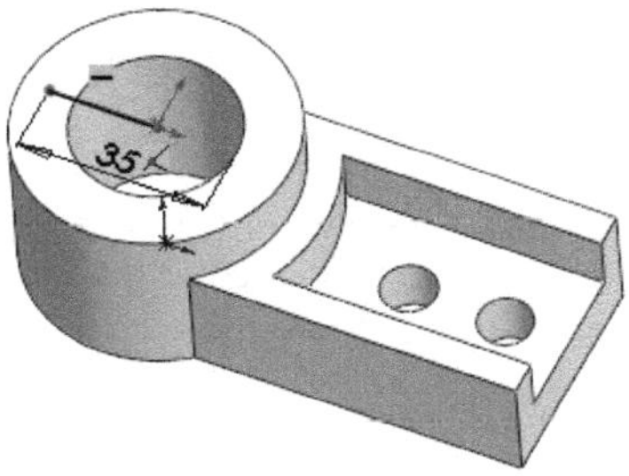

图 3-52 草图 5

（10）单击特征工具栏上的【拉伸切除 】命令按钮，拉伸切除时选择【薄壁特征】，拉伸切除好的实体如图 3-53 所示。

（11）单击特征工具栏上的【圆角 】命令按钮，绘制好圆角的实体如图 3-54 所示。

（12）建好的连接块的三维模型如图 3-55 所示。

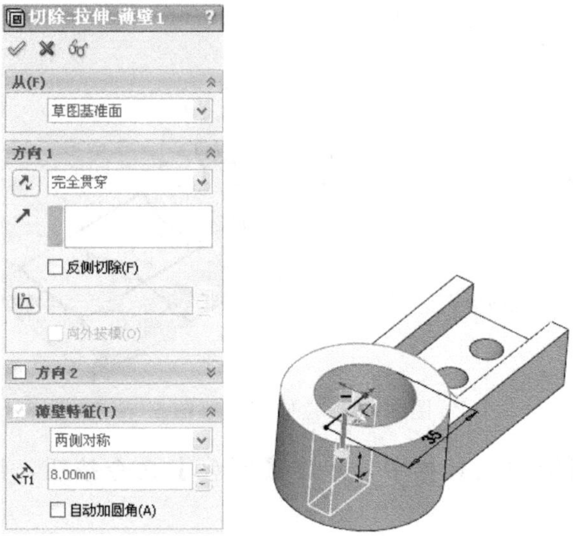

图 3-53　薄壁切除草图 5

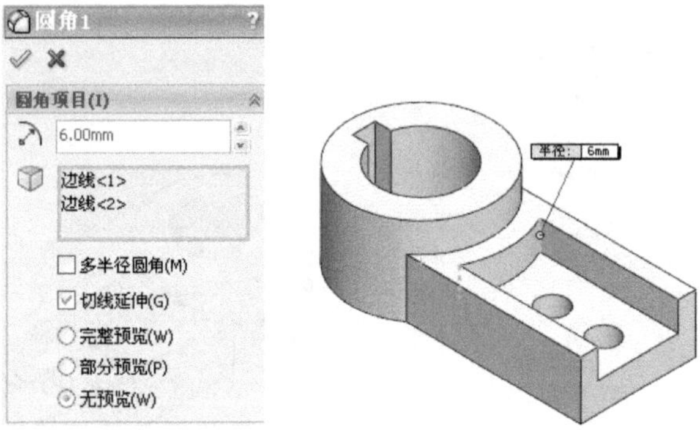

图 3-54　圆角特征

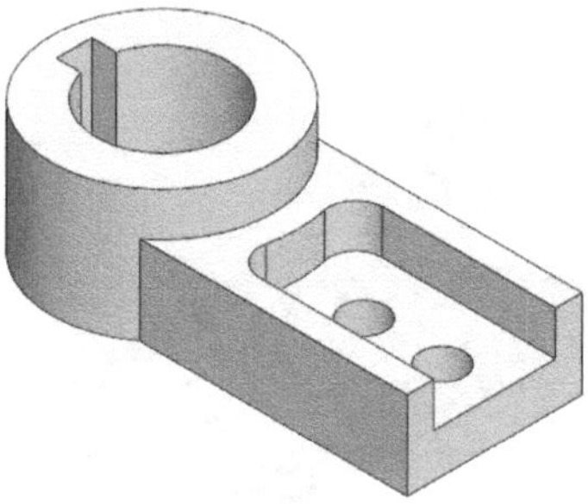

图 3-55　连接块

练习 3-1　滑块的三维建模

绘制图 3-56 中所示的草图，并拉伸 50mm 的厚度。

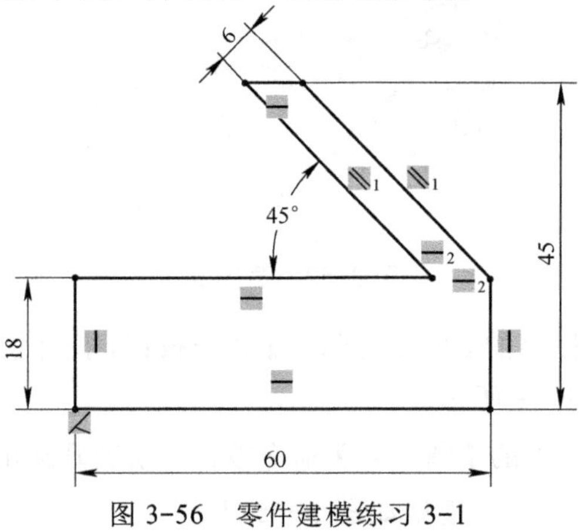

图 3-56　零件建模练习 3-1

练习 3-2 板的三维建模

绘制图 3-57 中所示的草图，并拉伸 50mm 的厚度。

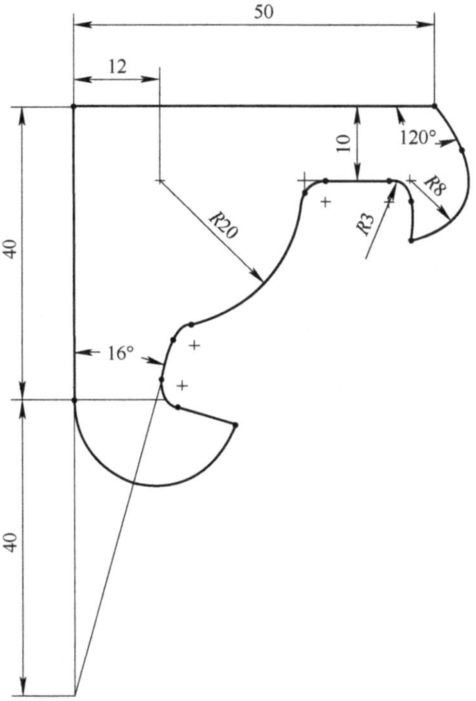

图 3-57 零件建模练习 3-2

练习 3-3 轴承座的三维建模

按图 3-58 所示的尺寸建立零件的三维模型。

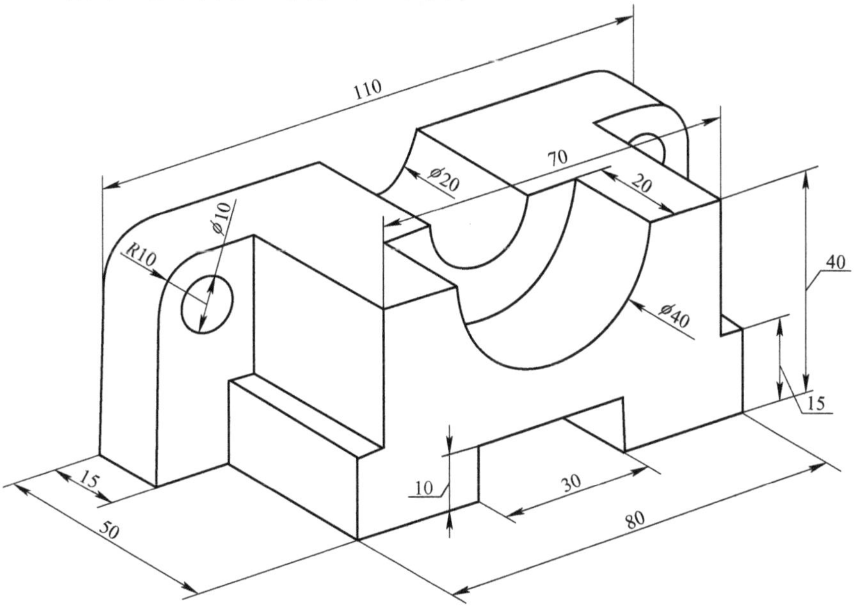

图 3-58 零件建模练习 3-3

练习 3-4 支座的三维建模

按图 3-59 所示的尺寸建立零件的三维模型。

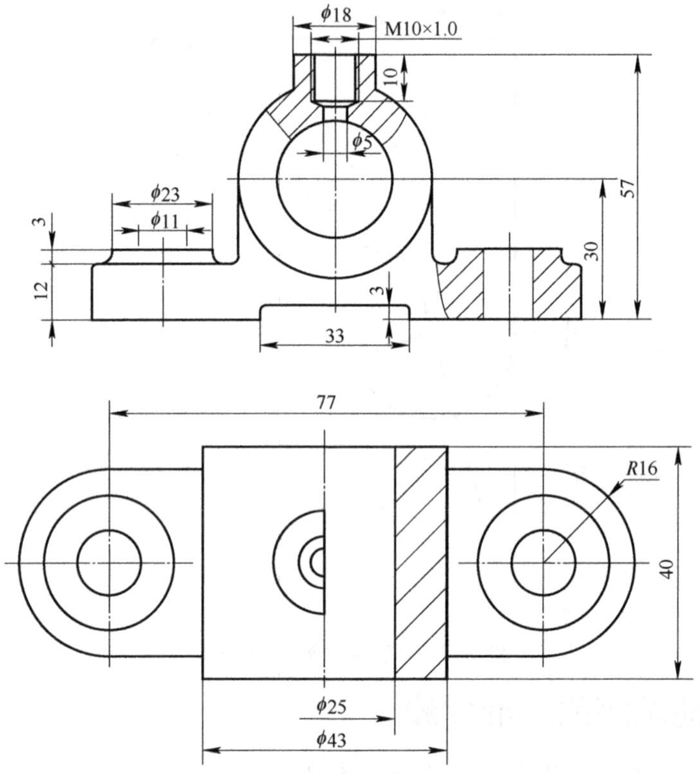

图 3-59 零件建模练习 3-4

第4章 装 配 体

在 SolidWorks 2008 中，装配体的零部件可以是独立的零件，也可以是其他的装配体—— 子装配体。在大多数情况下，零件和子装配体的操作方法是相同的。零部件被链接（而不是复制）到装配体文件，装配体文件的扩展名为“.sldasm”。

装配体文件中保存了两方面的内容：一是进入装配体中各零件的路径，二是各零件之间的配合关系。一个零件放入装配体中时，这个零件文件会与装配体文件产生链接的关系。在打开装配体文件时，SolidWorks 2008 要根据各零件的存放路径找出零件，并将其调入装配体环境。所以装配体文件不能单独存在，要和零件文件一起存在才有意义。

在打开装配体文件时，系统会自动查找组成装配体的零部件文件，其查找顺序是：内存→当前文件夹→最后一次保存位置。如果在这些位置都没有找到相应的零部件，系统会弹出找不到零件对话框，提示用户自己进行查找。此时，用户可以有两种选择：选择【是】，浏览至该文件的位置打开即可，在对装配体进行保存后，系统会记住该零件新的路径；选择【否】，则会忽略该零件，在打开的装配体绘图区中将缺失该零件，但在设计树中仍有该零件的名称，且呈灰色显示。

4.1 装配体建模的基本概念

创建 SolidWorks 装配体，就是将三维零件调入到装配体环境，然后定义零件间的配合关系，进而来模拟实际的装配过程。配合关系用来限制零件的自由度，使零件处于一定的配合状态，从而使零件移动或固定。

SolidWorks 装配体的建模可以生成复杂装配体，组成复杂装配体的零部件可以包括独立的零件，也可以包括其他的装配体及子装配体。

在 SolidWorks 中进行装配体建模有两种方法，即从零件到整体的“自底向上”设计和从整体到局部的“自顶向下”设计。

“自底向上”的设计方法是比较传统的设计方法。在“自底向上”设计中，先分别设计好各零件，然后将其逐个调入到装配环境中，再根据装配体的功能及设计要求，对各零件之间添加约束配合。由于零部件是独立设计的，与“自顶向下”设计法相比，使用“自底向上”设计法可以使用户更能专注于单个零件的设计工作。

“自顶向下”的设计方法是从装配体中开始设计，允许用户使用一个零件的几何体来帮助定义另一个零件，或者生成组装零件后再添加新的加工特征，进一步进行详细的零件设计。

目前通常使用的装配设计方法是“自底向上”，本章也是只对这种建模方法进行介绍。

4.2 创建装配体的过程

创建装配体的软件环境如图 4-1 所示。

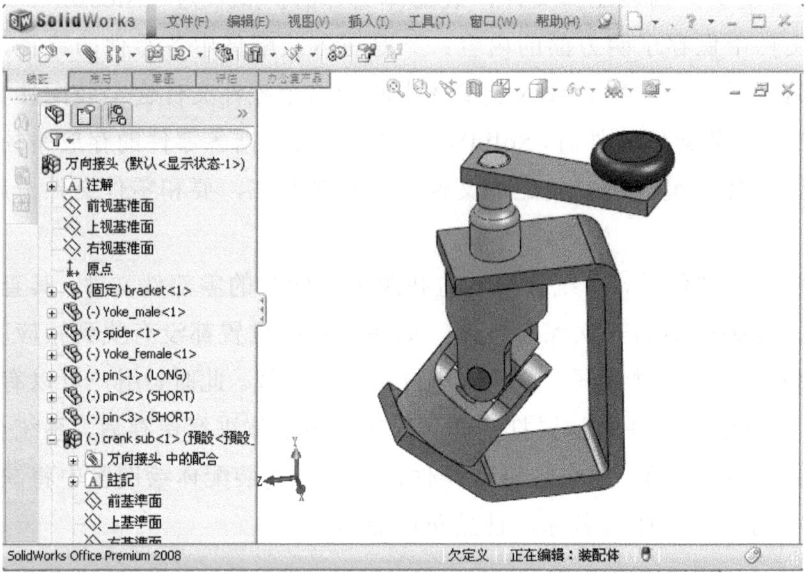

图 4-1 装配体环境

一般情况下，创建装配体的过程如下：

（1）建立新的装配体文件。

（2）插入已有的零件或者子装配体。

（3）指定固定零部件（浮动的零部件可以用鼠标进行拖动）。

（4）设定零部件之间的配合关系，使之符合实际工程的设计要求。

（5）进行装配体分析，干涉检查，获得质量等参数。

4.3 装配体常用的设计工具

1.【插入零部件】工具 利用此工具可以在装配体中插入已有的零部件（零件或子装配体），而零部件的数据还保存在原来的文件中，在此只是引用。

2.【**配合】工具** 利用此工具确定两个零部件之间的相互位置，即在两个零部件间添加几何约束，使其定位，一般包括角度、重合、同轴心、距离、平行、垂直、相切等几种配合关系。

3.【**编辑零部件】工具** 选中一个零部件后，单击此工具，被选中的零件将处于编辑状态，可在此状态下对选中的零部件进行编辑。

4.【**新零件】工具** 此工具用于在关联装配体中生成一个新零件。在设计零件时可以使用装配体中已有零件的几何特征，并独立于装配体进行修改。

5.【**显示隐藏的零部件】工具** 此工具用于切换零部件的隐藏和显示状态。

6.【**智能扣件】工具** 此工具可以将 SolidWorks Toolbox 标准件库的标准件添加到装配体。

7.【**移动零部件】工具** 利用此工具可以对选中的处于浮动状态的零部件进行移动，但如果该零件被部分约束，则在被约束自由度的方向上是无法移动的。

8.【**旋转零部件】工具** 利用此工具可以对选中的零部件进行旋转，但在被约束的方向上不能旋转。

9.【**爆炸视图】工具** 利用此工具可以为装配体建立多种类型的爆炸视图，这些爆炸视图分别存在于装配体文件的不同配置中。一个配置只能添加一个爆炸关系，每个爆炸视图包括一个或多个爆炸步骤。

10.【**爆炸直线草图】按钮** 此工具用于添加或编辑显示爆炸的零部件之间的几何关系的 3D 草图。

11.【**干涉检查】工具** 利用此工具可以计算零部件之间是否出现干涉、发生几处干涉，并可检查出干涉体积。

4.4 装配体设计树

装配体设计树在装配体窗口显示以下项目：装配体名称、光源和注解、装配体基准面和原点、零部件（零件或子装配体）、配合关系等。

单击零部件名称前的“+”号，可以展开每个零部件以查看其中的细节。如要折叠设计树中所有的项目，可双击其顶部的装配体图标。

在一个装配体中可多次使用相同的零件，每个零件之后都有一个后缀<n>，n 表示了装配体中同一种零件的数量。每添加一个相同零件到装配体中，数目 n 都会增加 1。

任何一个零件都有一个前缀标记，此前缀标记表明了该零件与其他零件之间关系的信息，前缀标记有以下几种类型：

- 无前缀：表明对此零件添加了【配合】命令，处于完全约束状态，不可进行拖动。

- （固定）：表明此零件位置固定，不能移动和转动。出现"（固定）"的前缀有两种情况：一是第一个调入装配体中的零件，二是在零件处于浮动或不完全约束的状态下右击零件，在弹出的快捷菜单中选择【固定】。
- （－）：表明对此零件没有添加配合约束，或所添加的配合不足以完全消除零件的6个自由度，零件处于浮动或不完全约束的状态，可以进行拖动操作。
- （+）：表明对此零件添加了过多的配合约束，处于过定位状态，应删除一些不必要的配合。

如果用户只想显示层次关系，则在设计树中右击装配体的名称，然后选择【只显示层次关系】选项，此时只会显示零部件（零件和装配体），细节则不会显示。

4.5 零部件的配合关系

配合是用来定义零部件位置和方向的表面、边、平面、轴或草图几何体之间的约束关系。由于每个零件都包含6个自由度：沿X、Y、Z轴的移动或绕X、Y、Z轴的旋转。通过对某个自由度的约束，可以控制零件的相对位置。零件的装配过程实际上就是一个约束限位的过程。在SolidWorks中，可以利用多种实体或参考几何体来建立零件间的配合关系，主要包括模型面、参考平面、模型边、顶点、草图线、基准轴和原点等。这些被选对象间的配合关系，可以分为标准配合与高级配合。

4.5.1 标准配合

【重合】：将所选面、边线定位并共享同一个无限基准面，或使两个顶点彼此接触。

【平行】：使所选对象彼此间保持等间距。

【垂直】：使所选对象彼此间90°放置。

【相切】：使所选对象彼此间相切放置。

【同轴心】：将所选对象定位并共享同一中心线。

【锁定】：用于将两个零件锁定，即使两个零件之间位置固定，但与其他的零件之间可以相互运动。

【距离】：将所选对象以指定距离放置。

【角度】：将所选对象以指定角度放置。

4.5.2 高级配合

【对称】：用于使某零件的一个平面（一个零件平面或建立的基准面）与另外一个

零件的凹槽中心面重合，实现两个实体沿平面对称配合。

【宽度】：用于使某零件的一个凸台中心面与另外一个零件的凹槽中心面重合，实现宽度配合。

【路径配合】：用于使零件上所选的点约束到路径。可以在装配体中选择一个或多个实体来定义路径，且可以定义零部件在沿路径时的纵倾、偏转和摇摆。

【线性与线性耦合】：用于实现在一个零部件的平移和另一个零部件的平移之间建立几何关系。

【限制配合】：用于实现零件之间的距离配合和角度配合在一定数值范围内变化。

4.5.3 机械配合

此类配合专门用于常用机械零件之间的配合。

【凸轮】：用于实现凸轮与推杆之间的配合，且遵守凸轮与推杆的运动规律。

【齿轮】：用于齿轮之间的配合，实现齿轮之间的定比传动。

【齿条小齿轮】：用于齿轮与齿条之间的配合，实现齿轮与齿条之间的定比传动。

【螺旋】：用于螺杆与螺母之间的配合，实现螺杆与螺母之间的定比传动，即当螺杆旋转一周时，螺母沿轴向移动一个螺距的距离。

【万向节】：用于实现交错轴之间的传动，即一根轴可以驱动轴线在同一平面内且与之呈一定角度的另外一根轴。

4.6 爆炸视图

装配体中的爆炸视图，就是将装配体中的各个零部件沿着直线或坐标轴移动，使各个零件从装配体中分解出来。爆炸视图对于表达各零部件的相对位置十分有帮助，因而常常用于表达装配体的装配过程。每一个爆炸视图是保存在所生成的装配体配置中。每一个配置都可以有一个爆炸视图，保存在所生成的装配体配置中。每个爆炸视图包括一个或多个爆炸步骤。

4.6.1 生成爆炸视图

生成爆炸视图的过程如下所述。

（1）单击装配体工具栏中的【爆炸视图】，或单击菜单栏的【插入】→【爆炸视图】。

（2）选取一个或多个零部件以包括在第一个爆炸步骤中。在【爆炸】对话框中，零部件出现在爆炸步骤的零部件设定中。有一个三重轴出现在图形区域中，如图 4-2 所示。

（3）拖动三重轴臂杆来移动零部件。爆炸步骤出现在爆炸步骤记录框中，如图 4-3 所示。

图 4-2　三重轴

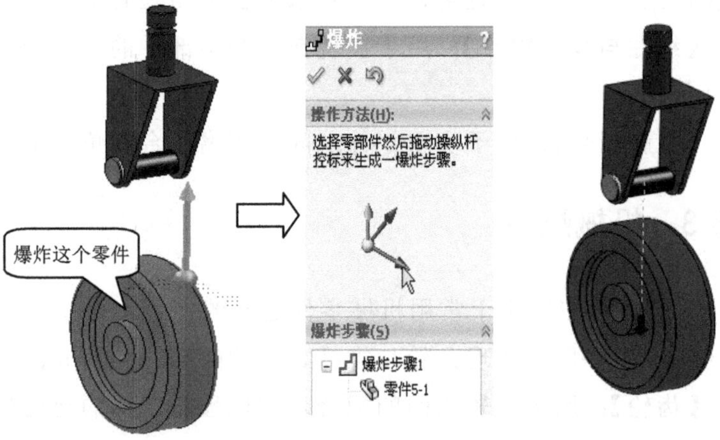

图 4-3　爆炸第一个零件

（4）在设定记录框下，单击完成按钮。相应参数被清除且为下一爆炸步骤作准备。

（5）根据需要，生成更多的爆炸步骤，然后单击【确定】按钮。生成的爆炸视图如图 4-4 所示。

图 4-4　生成爆炸视图

4.6.2　删除爆炸步骤

欲删除爆炸步骤，需在【爆炸】对话框的爆炸步骤记录框中，右键单击一个爆炸步骤，然后选择【删除】。

4.6.3 解除爆炸视图

欲解除爆炸视图：

（1）单击标签来扩展所需的配置。

（2）右键单击【爆炸视图】特征。

（3）选择【解除爆炸】或【动画解除爆炸】，选择【动画解除爆炸】时，【动画控制器】工具栏将自动弹出。解除爆炸视图的操作如图 4-5 所示。

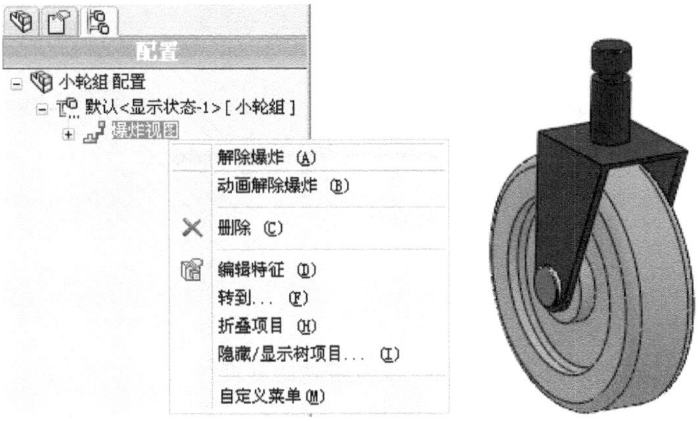

图 4-5 解除爆炸视图

4.7 装配体分析

SolidWorks 对于装配体有着强大的分析能力，在模型完成的同时，就能获得产品中零件数量、总体积、质量等信息，尤其是一些惯性矩、重心等参数，对于设计人员来说有很多参考价值。

4.7.1 质量、密度和截面属性

在装配体中计算模型的质量特性的步骤为：首先打开装配体文件，然后在零件环境下选择下拉菜单中的【工具】→【选项】→【文件属性】→【材料属性】，在分支中设置零件的密度等材料属性。在【密度】文本框中输入密度值，在 SolidWorks 进行质量统计时，按照输入的密度值进行分析计算，默认密度为 0.001g/mm^3，可以将其更改，如图 4-6 所示。

设置好零件的密度等材料属性后，单击【工具】菜单栏，在【工具】的下拉菜单中，出现统计命令，包括【质量特性】、【截面属性】、【测量】、【检

查】选项，在零件环境下还有【特征统计】选项，选择相应的命令会弹出相应的对话框。

单击【工具】→【质量特性】，在【质量特性】对话框中显示出零件实际的质量，单击上方的【选项】按钮，可以更改单位、材料等参数。【质量特性】对话框如图 4-7 所示。

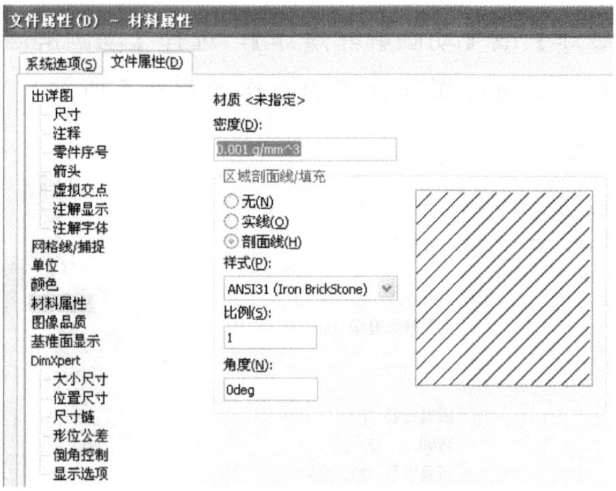

图 4-6　设置零件的密度

图 4-7　零件的质量特性

单击【工具】→【截面属性】，将弹出【截面属性】对话框，如图 4-8 所示。

图 4-8 面的截面属性

单击【工具】→【测量】，将弹出【测量】对话框，单击装配体上需要测量的直线的长度和表面面积，在【测量】输出框中即可显示，如图 4-9 所示。

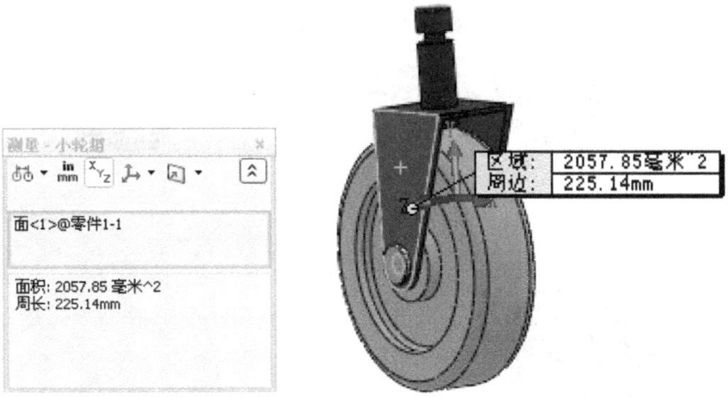

图 4-9 测量面

4.7.2 干涉检查

单击菜单栏中的【工具】→【干涉检查】，将弹出【干涉检查】对话框，单击【计算】按钮来检查干涉。当干涉结果中显示无干涉时，表示各个零部件被正确安装，可以正常工作，如图 4-10 所示。

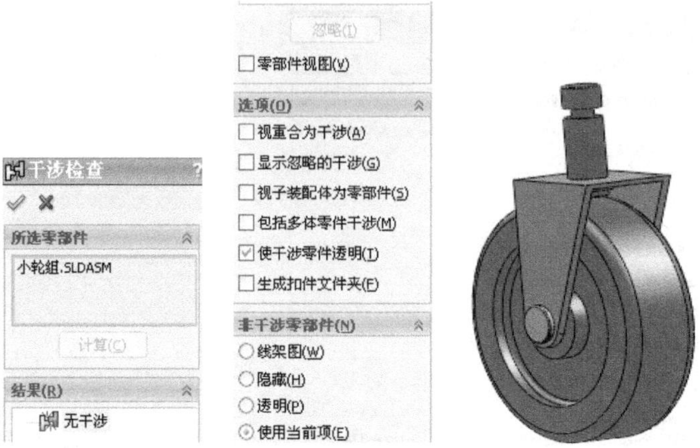

图 4-10　装配体的干涉检查

4.8　实例：小轮组的装配

（1）绘制好小轮组装配体所需要的 5 个零件实体（根据 5 个零件的工程图绘制），绘制好的零件实体如图 4-11 所示。

零件实体 1

零件实体 2

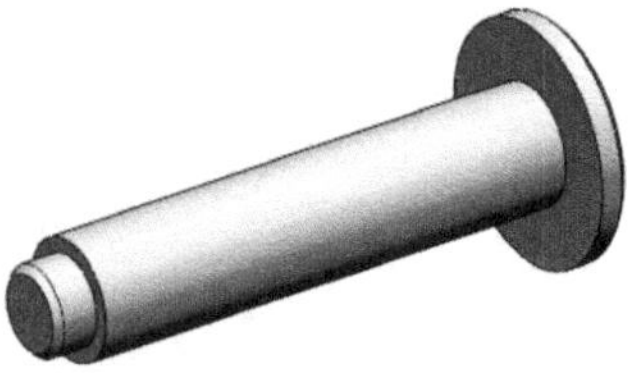

零件实体 3

零件实体 4

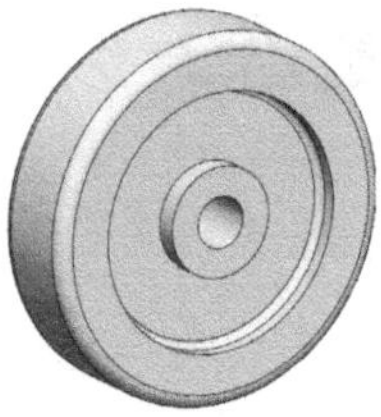

零件实体 5

图 4-11　绘制装配体所需的 5 个零件实体

（2）在【新建 SolidWorks 文件】对话框中，选择【装配体】，鼠标单击【确定】按钮，进入到装配体建模环境，如图 4-12 所示。

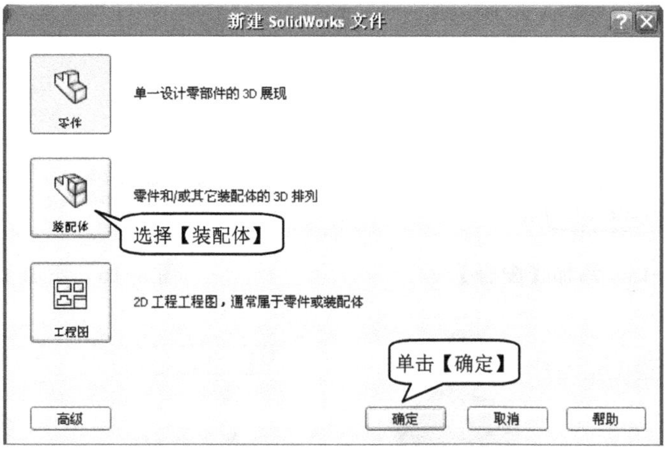

图 4-12　新建装配体

（3）在【开始装配体】对话框中，选择【浏览】，打开零件实体 1，此时，在绘图区域中，零件会随鼠标移动。在绘图区域中任意位置单击鼠标左键，放置零件实体 1，系统默认第一个放置的零件是固定的，如图 4-13 所示。

（4）单击【插入零部件】按钮，打开零件实体 2，如图 4-14 所示。在绘图区域任意位置单击鼠标左键，放置零件实体 2；单击【×】按钮关闭对话框。

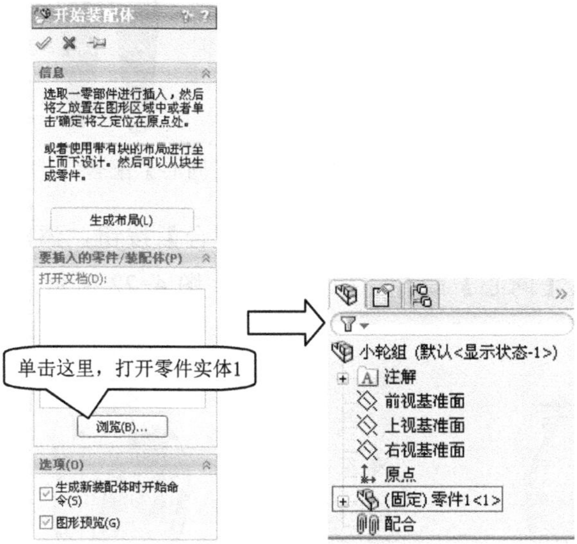

图 4-13　开始装配体

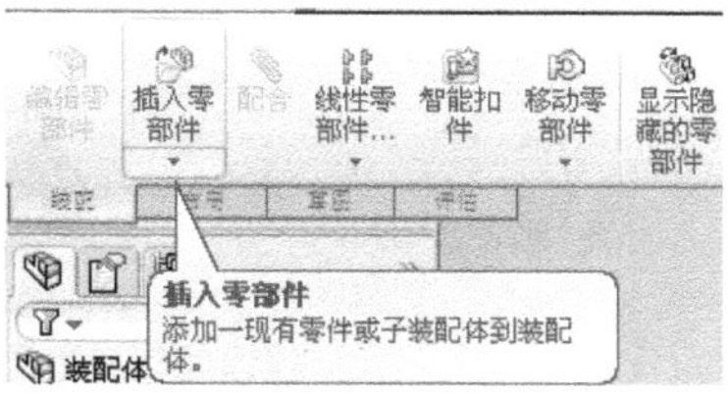

图 4-14　插入零部件

（5）单击【配合】按钮，如图 4-15 所示。添加零件实体 2 和零件实体 1 之间的【重合】、【同心】、【平行】配合，如图 4-16～图 4-18 所示。

（6）单击【插入零部件】按钮，插入零件实体 3；单击【配合】按钮，添加零件实体 3 和零件实体 1 之间的【重合】、【同心】配合，如图 4-19、图 4-20 所示。

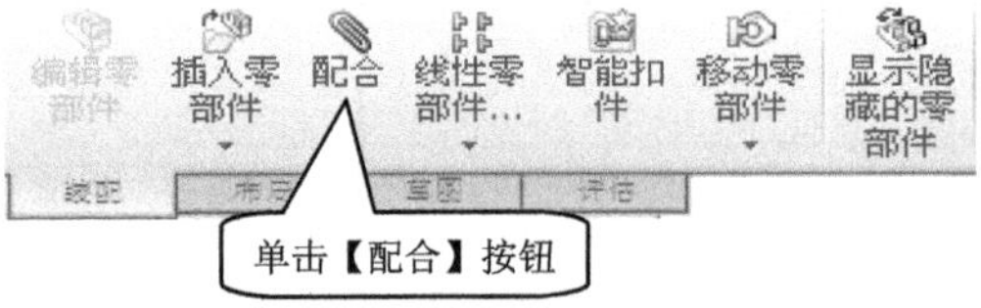

图 4-15　添加【配合】

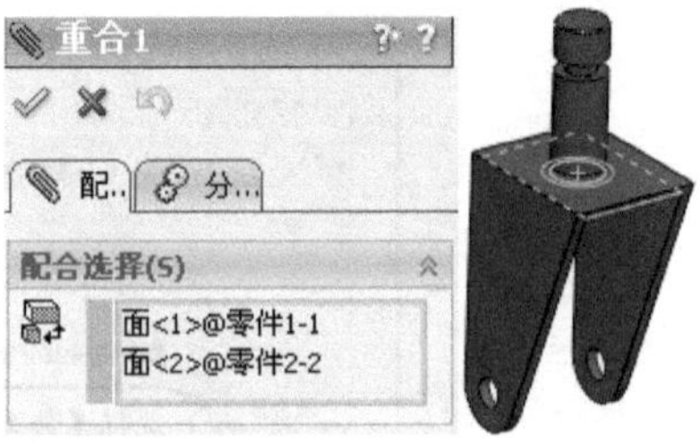

图 4-16　添加【重合】配合

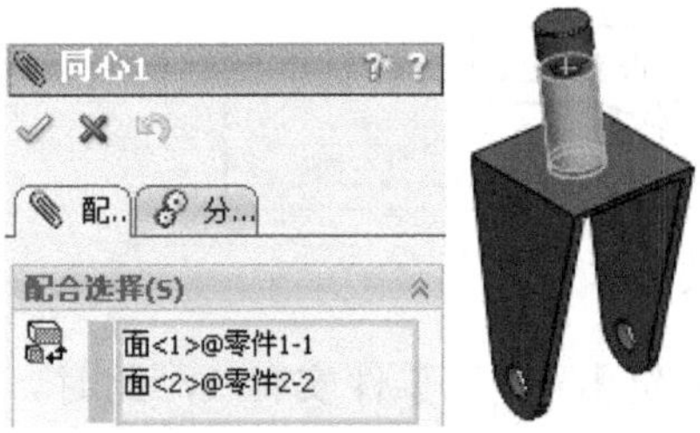

图 4-17　添加【同心】配合

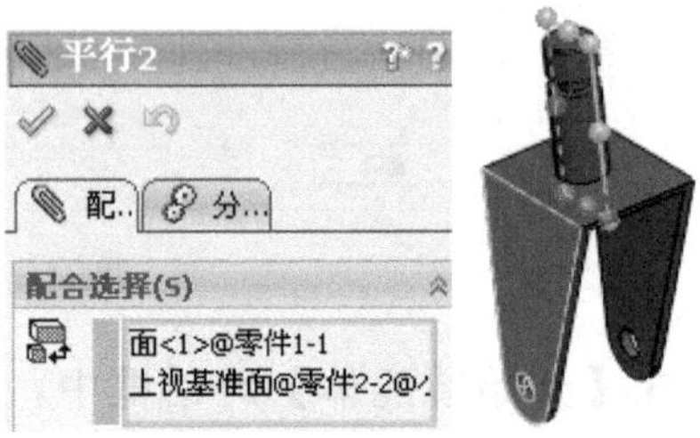

图 4-18　添加【平行】配合

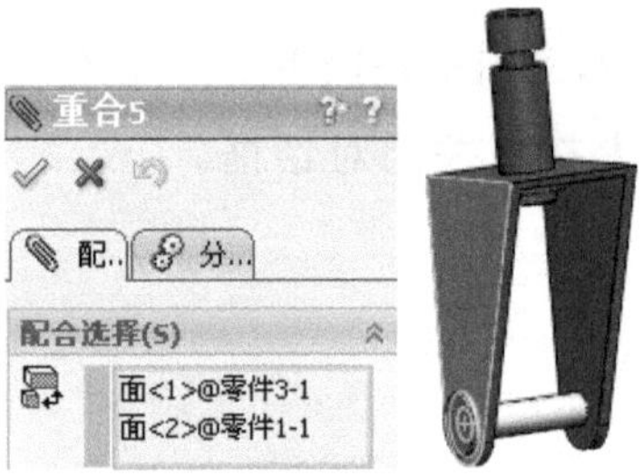

图 4-19　添加【重合】配合

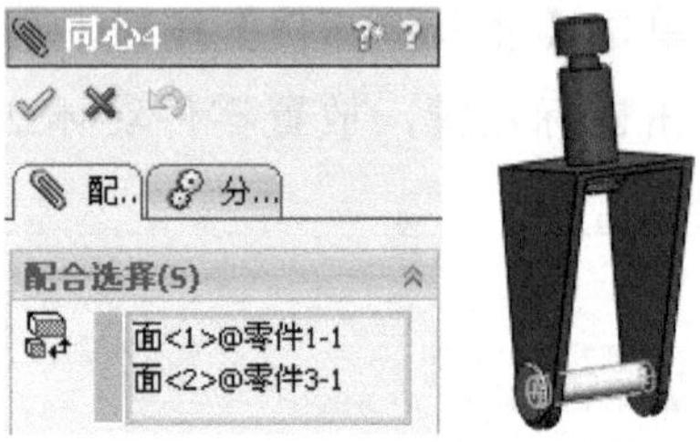

图 4-20　添加【同心】配合

（7）单击【插入零部件】按钮，插入零件实体 5；单击【配合】按钮，添加零件实体 5 和零件实体 1 之间的【重合】、【同心】配合，如图 4-21、图 4-22 所示。

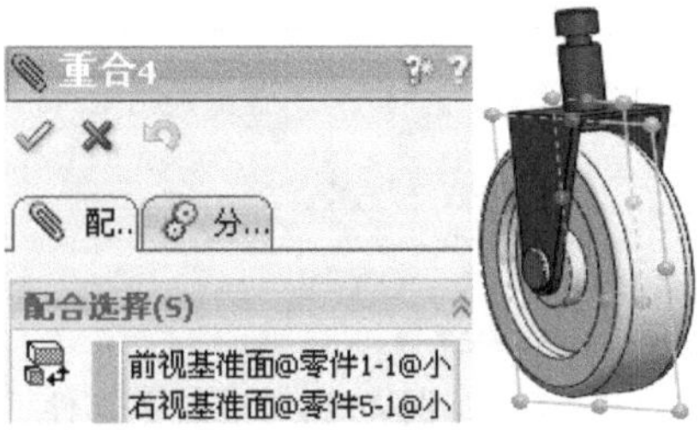

图 4-21　添加【重合】配合

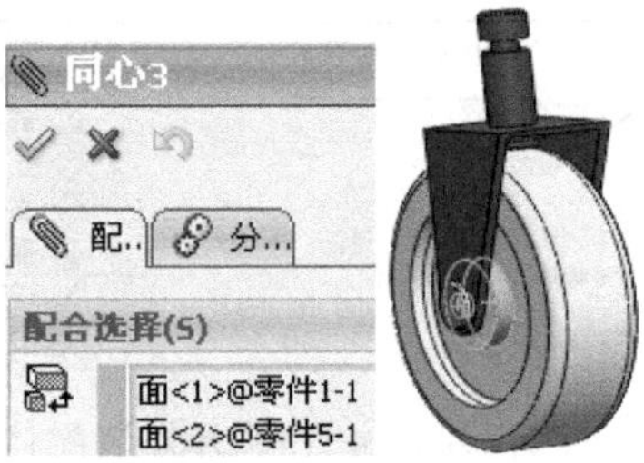

图 4-22　添加【同心】配合

（8）单击【插入零部件】按钮，插入零件实体 4；单击【配合】按钮，添加零件实体 4 和零件实体 5 之间的【重合】、【同心】配合，如图 4-23、图 4-24 所示。

（9）装配好的小轮组如图 4-25 所示。

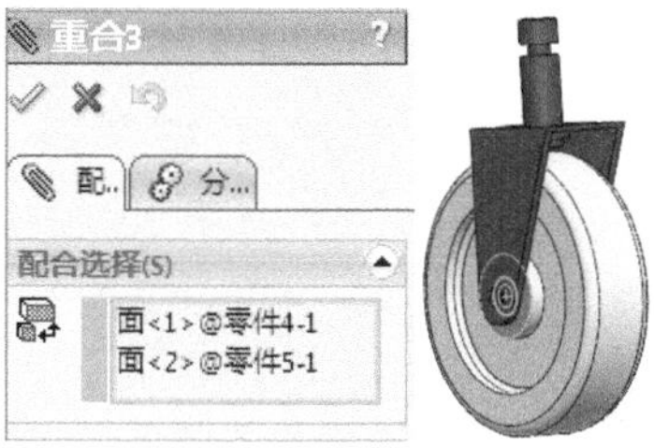

图 4-23 添加【重合】配合

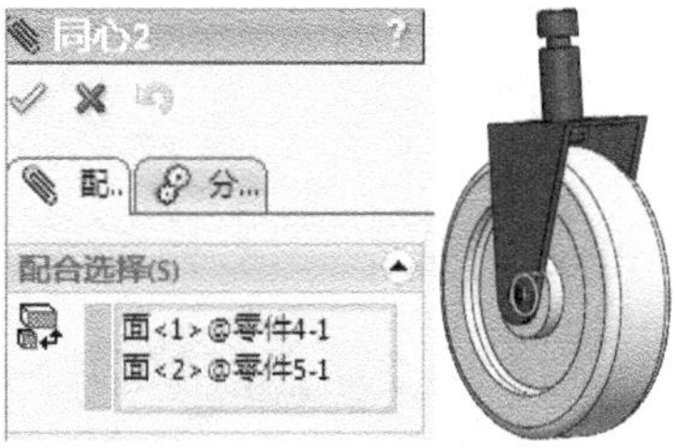

图 4-24 添加【同心】配合

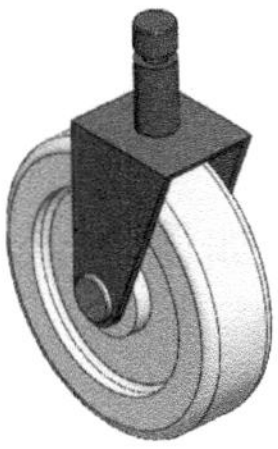

图 4-25 小轮组装配体

练习 4-1 机器人的装配

完成如图 4-26 所示机器人的装配。

图 4-26 机器人的装配

练习 4-2 万向接头的装配

完成如图 4-27 所示万向接头的装配。

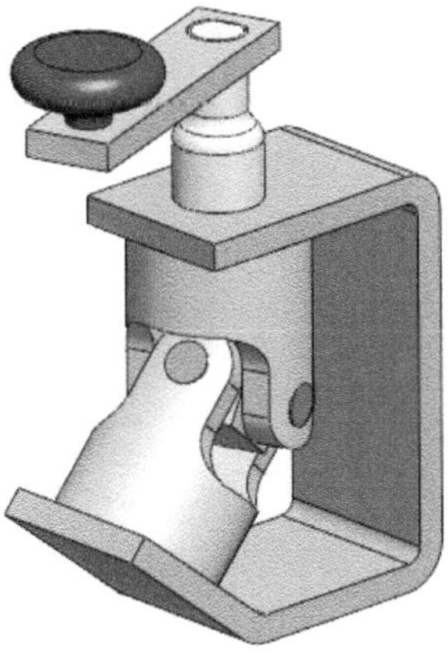

图 4-27 万向接头的装配

练习 4-3　Toolbox 的装配

完成如图 4-28 所示 Toolbox 的装配。

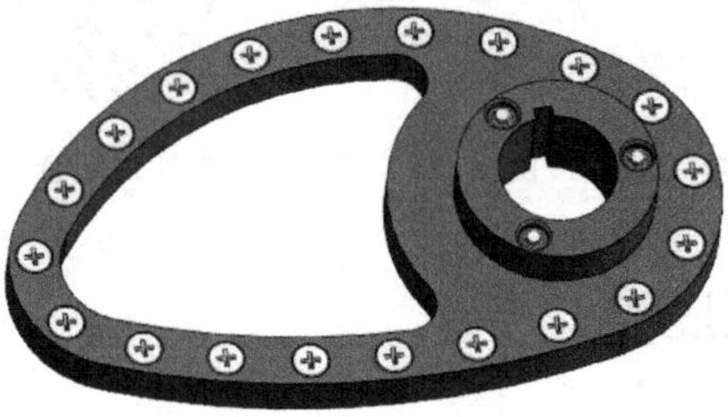

图 4-28　Toolbox 的装配

第5章 工　程　图

工程图能比较方便地表达设计方案。一般来说工程图分为零件图和装配图，由于表达的目的不同，它们之间稍有差别。

零件的工程图主要包括以下内容：

（1）一组视图。视图能正确清晰地表达零件的结构。

（2）尺寸。包括零件的定形尺寸、定位尺寸和总体尺寸等。

（3）几何公差、尺寸公差和表面粗造度。

（4）技术要求。清晰标明零件在制造、装配等过程中应注意的各项技术要求。

（5）标题栏。标题栏标明零件的名称、材料、数量、比例、作者、日期等。

装配体的工程图除了上述的要素之外，还应包括零件序号、材料明细栏等。

5.1　工程图的绘制过程

SolidWorks 工程图包括图纸格式和内容两个相对独立的部分。图纸格式包括图幅大小、标题栏设置、表格定位点等。建立工程图时首先要指定图纸格式。工程图的绘制是有顺序的，工程图的绘制过程如下：

（1）新建 SolidWorks 工程图。新建一张 SolidWorks 工程图，选择图幅。

（2）生成工程图的视图。插入模型零件（或装配体），生成零件（或装配体）的视图，包括主视图和其余视图（如投影视图、辅助视图、剖视图）。

（3）调整视图比例（或调整图纸大小）。

（4）标注工程图。标注尺寸、尺寸公差、注解、几何公差、表面粗糙度、技术要求等要素。

（5）保存工程图。

5.2　新建工程图

新建一张工程图，要进行以下操作：

（1）单击下拉菜单【文件】→【 新建(N)...　　Ctrl+N】或直接单击 进入到【新

建 SolidWorks 文件】界面，如图 5-1 所示。

图 5-1 进入到【新建 SolidWorks 文件】

（2）在【新建 SolidWorks 文件】对话框中单击【高级】按钮，在【模板】选项卡中选择【工程图】图标，如图 5-2 所示。

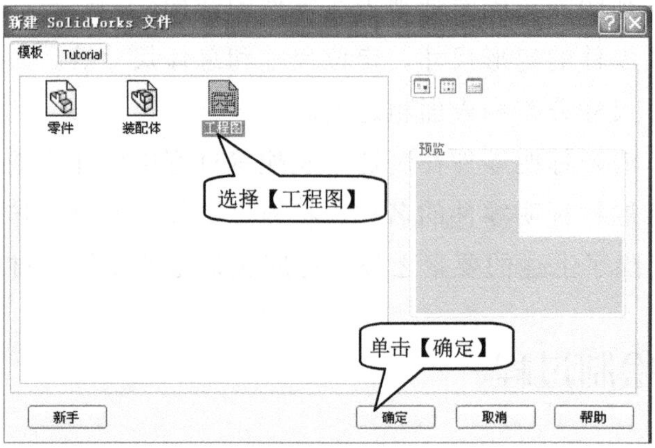

图 5-2 【新建 SolidWorks 文件】对话框

（3）单击【确定】按钮，关闭对话框。

（4）在弹出的【图纸格式/大小】对话框中，选择图纸格式（见图 5-3）。

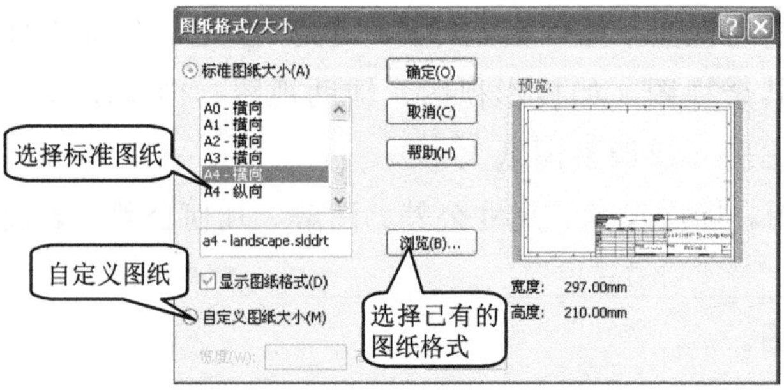

图 5-3 【图纸格式/大小】对话框

1）【标准图纸大小】：在下拉列表框中选择一个标准图纸大小的图纸格式。

2）【自定义图纸大小】：在【宽度】和【高度】输入框中设置图纸的大小。

如果要选择已有的图纸格式，则单击【浏览】按钮导航到所需的图纸格式文件。

（5）单击【确定】按钮进入工程图编辑状态。

5.3 图纸格式

5.3.1 定义图纸格式

定义工程图纸格式，要进行以下操作：

（1）右键单击工程图纸上的空白区域，或者右键单击特征管理器设计树中的图纸格式图标。

（2）在弹出的快捷菜单中选择【编辑图纸格式】，如图 5-4 所示。

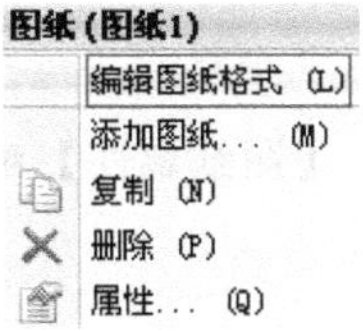

图 5-4 编辑图纸格式

（3）双击标题栏中的文字即可修改文字。同时在【注释】属性管理器的【文字格式】栏中可以修改对齐方式、文字旋转角度和字体等属性，如图 5-5 所示。

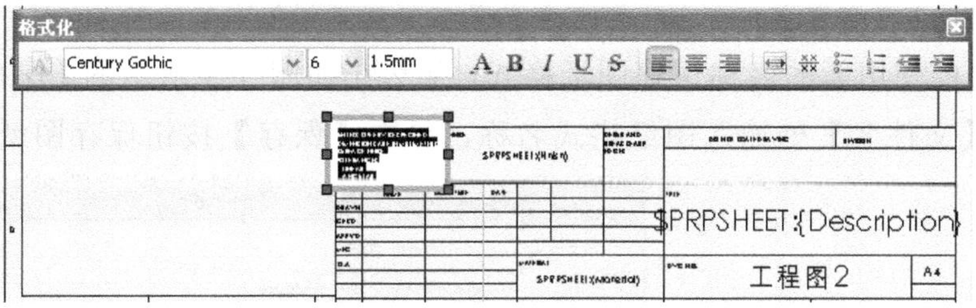

图 5-5 修改文字

（4）如果要移动线条或文字，单击该项目后将其拖动到新的位置。

（5）如果要添加线条，则单击草图绘制工具栏上的直线按钮，然后绘制线条。

（6）在特征管理器设计树中右键单击【图纸】图标，在弹出的快捷菜单中选择【属性】，如图 5-6 所示。

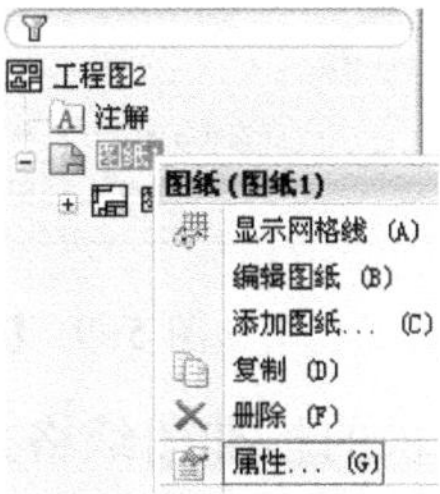

图 5-6 选择【属性】

（7）在弹出的【图纸属性】对话框中进行设定，如图 5-7 所示。

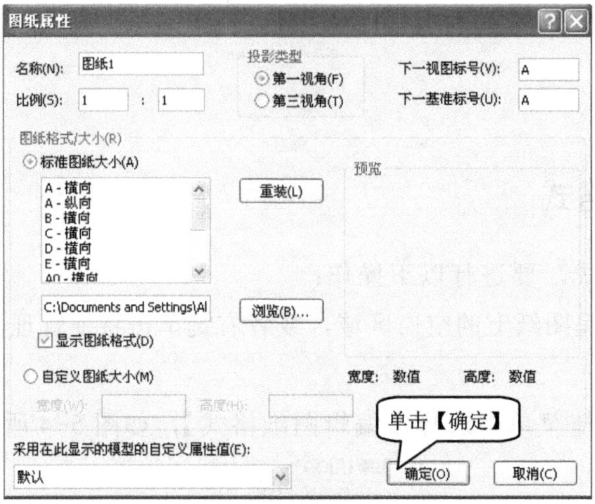

图 5-7 【图纸属性】对话框

5.3.2 保存图纸格式

保存图纸格式，要进行以下操作：

（1）选择【文件】→【保存图纸格式】，如图 5-8 所示。系统会弹出【保存图纸格式】对话框。

（2）如果要使用新的名称保存图纸格式，那么在如图 5-9 所示的【保存图纸格式】对话框中的【文件名】处输入图纸格式名称，单击【保存】按钮保存图纸格式。

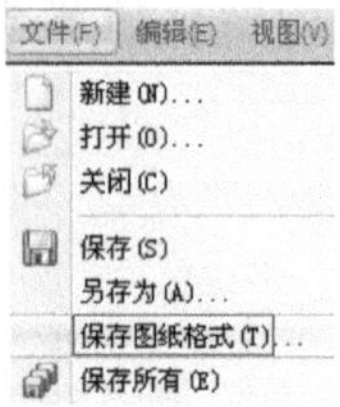

图 5-8 选择【保存图纸格式】命令

图 5-9 【保存图纸格式】对话框

（3）如果要替换 SolidWorks 提供的标准图纸格式，单击选中相应的文件名，单击【保存】按钮，系统将弹出图 5-10 所示的【保存图纸格式】对话框，在该对话框中，单击【是】按钮，图纸格式将被保存。

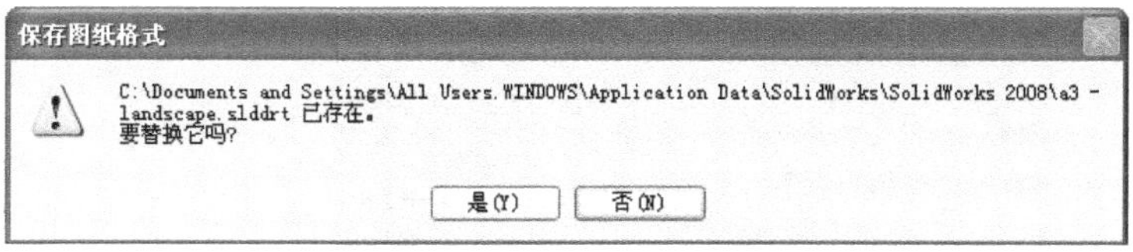

图 5-10 替换原有图纸格式

5.4 标准三视图的生成

生成标准三视图的操作如下所述。

（1）新建一张工程图。

（2）单击工程图工具栏上的【标准三视图】按钮，或选择【插入】→【工程视图】→【标准三视图】命令，出现【标准三视图】对话框，如图 5-11 所示。在该对话框中，单击【浏览】按钮选择要生成标准三视图的零件或装配体。

（3）单击【确定】按钮✓完成标准三视图的绘制，绘制好的三视图如图 5-12 所示。

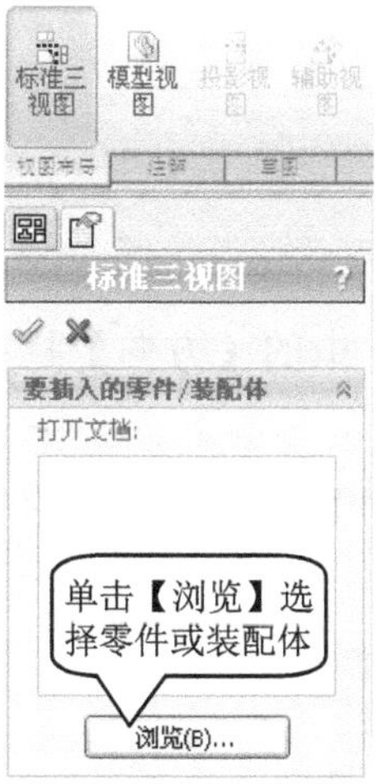

图 5-11 【标准三视图】对话框

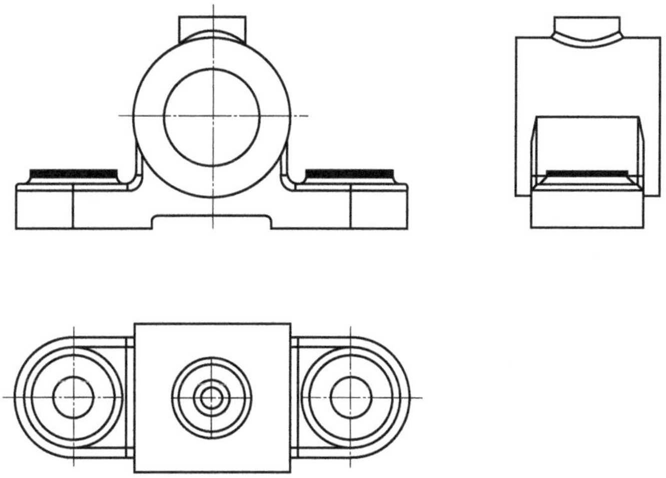

图 5-12 标准三视图

5.5 模型视图的生成

插入模型视图，要进行以下操作。

（1）单击工程图工具栏上的【模型视图】按钮，或选择【插入】→【工程视图】→【模型视图】命令。

（2）单击【浏览】按钮，选择要生成模型视图的零件或装配体，如图 5-13 所示。在工程图界面中，鼠标将拖动一个视图方框来表示模型视图的大小。

（3）在【模型视图】属性管理器的【方向】栏中选择视图的投射方向，如图 5-14 所示。

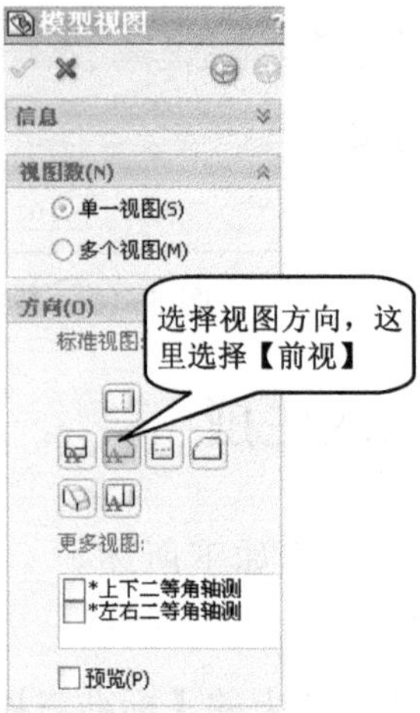

图 5-13 【模型视图】对话框　　　　图 5-14 选择视图方向

（4）在工程图中的任意位置单击鼠标，放置模型视图，如图 5-15 所示。

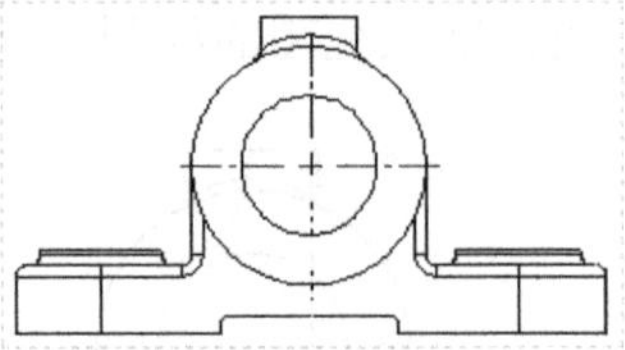

图 5-15 放置模型视图

（5）如果要更改模型视图的投射方向，则双击【模型视图】中的【方向】栏中的视图方向即可，如图 5-16 所示。

（6）如果要更改模型视图的比例，则选择【使用自定义比例】复选框，然后输入显示比例或在下拉菜单中选择比例，如图 5-17 所示。

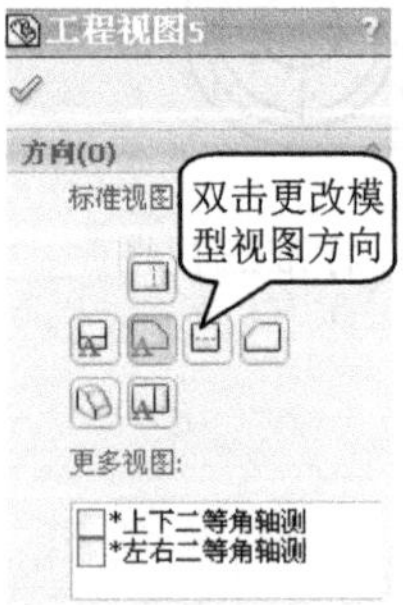

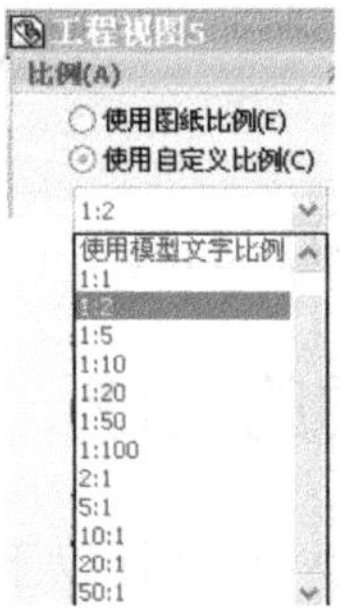

图 5-16 更改模型视图的方向　　　　图 5-17 更改模型视图的比例

（7）单击【确定】按钮✓，完成模型视图的插入。

5.6 派生视图的生成

派生视图是指从标准三视图、模型视图或其他视图中派生出来的视图，包括投影视图、辅助视图、局部视图、裁剪视图、断开的剖视图、断裂视图、剖面视图、旋转剖视图、交替位置视图、相对视图。

5.6.1 投影视图

投影视图是通过从正交方向对现有视图投影生成的视图。要生成投影视图，可进行如下操作：

（1）单击工程图工具栏上的【投影视图】按钮，或选择【插入】→【工程视图】→【投影视图】。

（2）在工程图中单击一个要投影的工程视图。

（3）系统将根据鼠标指针在所选视图的位置决定投射方向，可以从所选视图的上、下、左、右四个方向生成投影视图。

（4）系统会在投影的方向出现一个方框，表示投影视图的大小。拖动这个方框到适当的位置，单击鼠标，则投影视图被放置在工程图中。

（5）单击【确定】按钮✓，生成投影视图，如图 5-18 所示。

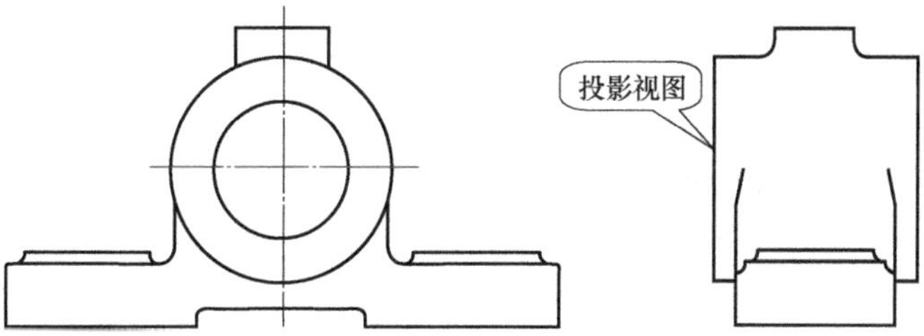

图 5-18　投影视图

5.6.2 辅助视图

辅助视图类似于投影视图，它的投射方向垂直所选视图的参考边线。要插入辅助视图，可进行如下操作：

（1）单击工程图工具栏上的【辅助视图】按钮，或选择【插入】→【工程视图】→【辅助视图】命令。

（2）单击要生成辅助视图的工程视图上的一条直线作为参考边线，参考边线可以是零件的边线、侧影轮廓线、轴线或所绘制的直线。

（3）系统会在与参考边线垂直的方向出现一个方框，表示辅助视图的大小，拖动这个方框到适当的位置，单击鼠标，则辅助视图被放置在工程图中，如图 5-19 所示。

（4）在【辅助视图】属性管理器中设置选项。

1）指定与剖面线或剖面视图相关的字母，例如上图中，指定辅助视图为 A。

2）选择【反转方向】复选框，则会反转切除的方向。

（5）单击【确定】按钮✔，生成辅助视图。

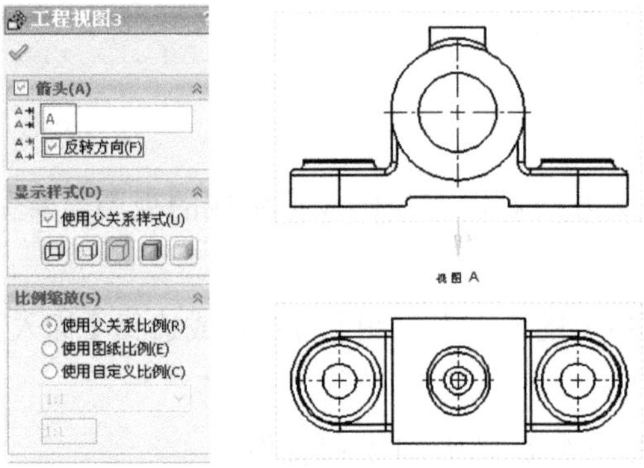

图 5-19　辅助视图

5.6.3　局部视图

在工程图中生成一个局部视图，是用来显示一个视图的某个部分（通常是以放大比例来放大显示视图中的某个部分）。局部视图可以是正交视图、空间（等轴测）视图、剖面视图、裁剪视图、爆炸装配体视图或另一局部视图。要生成局部视图，可进行如下操作：

（1）打开要生成局部视图的工程图。

（2）单击工程图工具栏上的【局部视图】按钮，或选择【插入】→【工程视图】→【局部视图】。

（3）此时，草图绘制工具栏上的圆按钮被激活。利用它在要放大的区域绘制一个圆。

（4）系统会出现一个方框，表示局部视图的大小。拖动这个方框到适当的位置，单击鼠标，则局部视图被放置在工程图中。

（5）在【局部视图】属性管理器中设置选项。

（6）单击【确定】按钮✔，生成局部视图，如图 5-20 所示。

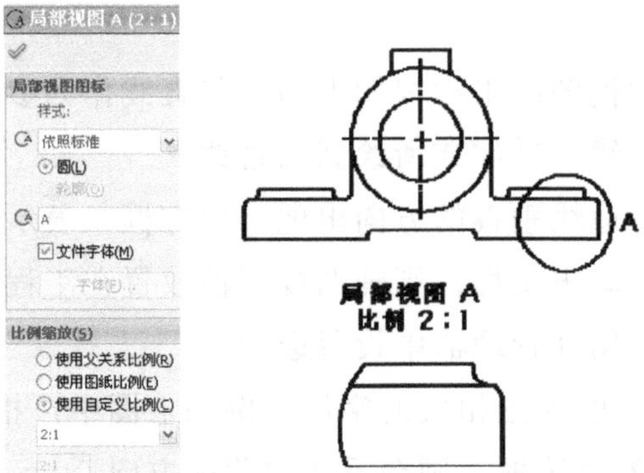

图 5-20　局部视图

5.6.4 裁剪视图

任何工程视图都可以生成裁剪视图（除了局部视图、已用于生成局部视图的视图和爆炸视图之外），要生成裁剪视图可进行如下操作：

（1）在工程图视图中绘制一闭环轮廓，如圆。

（2）单击工程图工具栏上的【裁剪视图】，或单击【插入】→【工程视图】→【裁剪视图】，轮廓以外的视图消失，如图 5-21、图 5-22 所示。

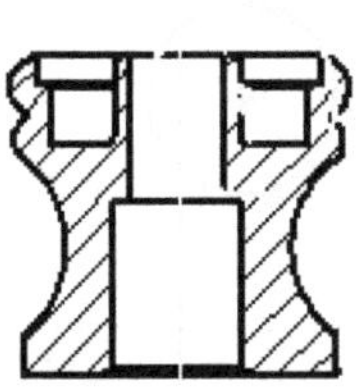

A—*A*

图 5-21 圆被画在此剖面视图上

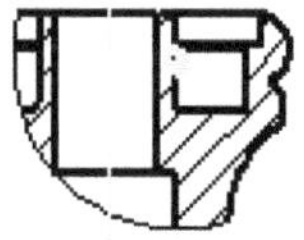

A—*A*

图 5-22 裁剪后，只显示画圆以内的视图

5.6.5 断开的剖视图

断开的剖视图为现有工程视图的一部分，而不是单独的视图。不能在局部视图、剖面视图和交替位置视图上生成断开的剖视图。如果在爆炸视图上生成断开的剖视图，则不能解除爆炸所生成的视图。

通常采用闭合的轮廓（例如样条曲线）来定义断开的剖视图。要生成断开的剖视图可进行如下操作：

（1）单击工程图工具栏上的【断开的剖视图】，或单击【插入】→【工程视图】→【断开的剖视图】，指针形状变为。

（2）绘制一闭合的轮廓，如图 5-23 所示。

图 5-23 绘制一闭合的轮廓

（3）在【剖面视图】对话框中设定选项，如图 5-24 所示。如果不想从断开的剖视图中排除零部件或扣件，则单击【确定】。

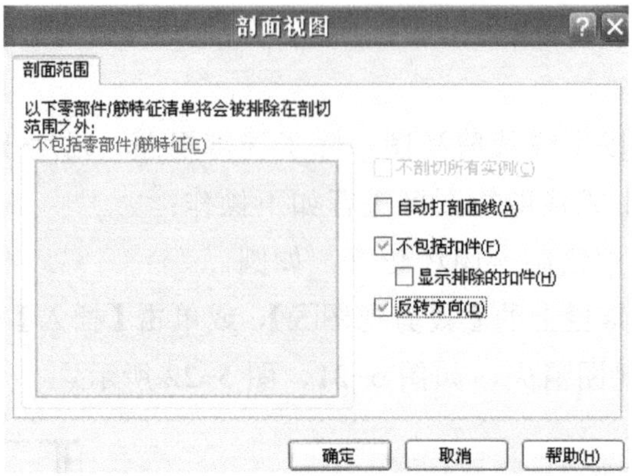

图 5-24 【剖面视图】对话框

（4）在【断开的剖视图】对话框中设定选项。

（5）单击【确定】按钮✓，生成断开的剖视图，如图 5-25 所示。

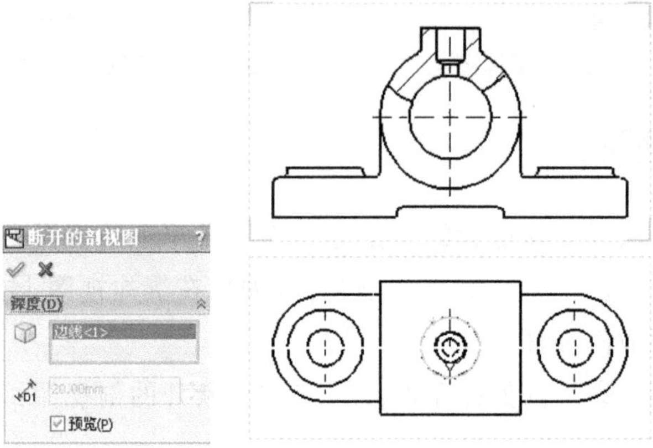

图 5-25 断开的剖视图

5.6.6 断裂视图

在工程图中，可以使用断裂视图（或中断视图）。断裂视图可以将工程图视图以较大比例显示在较小的工程图纸上。要生成断裂视图，可进行如下操作：

（1）选择要生成断裂视图的工程视图。

（2）选择【插入】→【竖直折断线】或【插入】→【水平折断线】。此时两条折断线出现在视图中。可以添加多组折断线到一个视图中，但所有折断线必须为同一个方向。

（3）在弹出的【断裂视图】对话框中设定选项，将折断线拖动到希望生成断裂视图的位置，鼠标左键单击分别放置折断线的第一条线段和第二条线段。

（4）单击【确定】按钮✓，生成断裂视图，如图 5-26 所示。

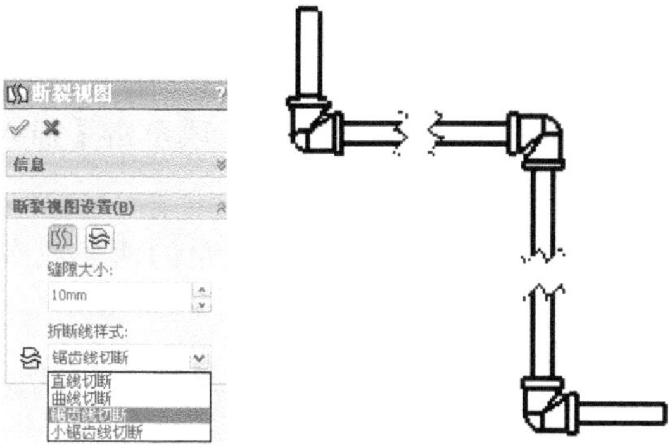

图 5-26 断裂视图

5.6.7 剖面视图

剖面视图是指用一条剖切线分割工程图后，从垂直于生成的剖面方向投影得到的视图。要生成剖面视图可进行如下操作：

（1）单击工程图工具栏上的【剖面视图】，或单击【插入】→【工程视图】→【剖面视图】。

（2）在弹出的【剖面视图】对话框中设定选项。可编辑视图标号、字体样式和比例缩放等。

（3）用被激活的【直线】工具绘制一剖切线。

（4）在图样空间内单击鼠标左键以放置剖面视图。

（5）单击【确定】按钮，生成剖面视图，如图 5-27 所示。

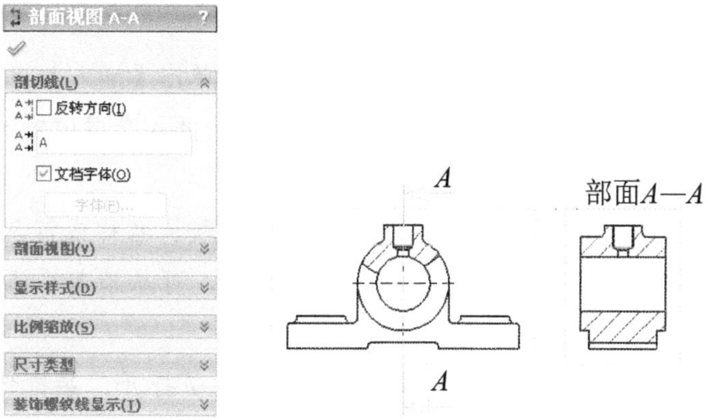

图 5-27 剖面视图

5.6.8 旋转剖视图

旋转剖视图与剖面视图相类似，但旋转剖视图中的剖切线是由具有一定角度的两条或多条线段组成。系统从垂直于剖切方向投影，生成旋转剖视图。生成旋转剖视图可进行如下操作：

（1）单击工程图工具栏上的【旋转剖视图】，或单击【插入】→【工程视图】→【旋转剖视图】。

（2）绘制剖切线。剖切线应由有一个或多个夹角的两条或多条连接线组成。

（3）在【剖面视图】对话框中设定选项。

（4）在图样空间内单击鼠标左键以放置视图，如图 5-28 所示。

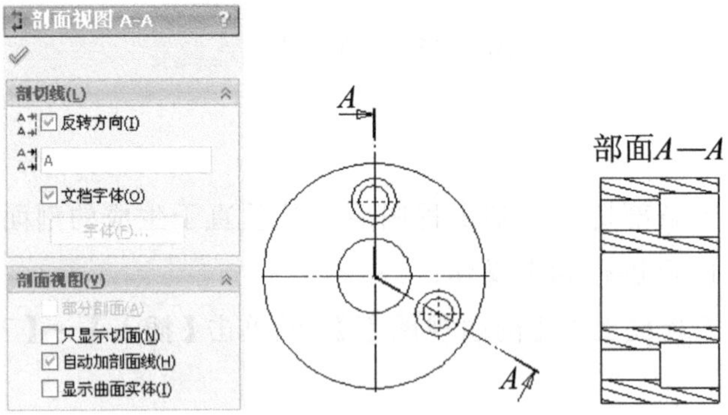

图 5-28　旋转剖视图

5.6.9　交替位置视图

交替位置视图是一个或多个视图以双点画线轮廓叠加于原有视图之上的工程视图。交替位置视图以双点画线显示，交替位置视图常用于显示装配体的运动范围。插入交替位置视图可进行如下操作。

（1）单击工程图工具栏上的【交替位置视图】，或单击【插入】→【工程视图】→【交替位置视图】。【交替位置】对话框出现，提示选择一插入交替位置的工程视图。

（2）在【交替位置】对话框下，任选一项。

➢ 新的配置—— 生成新的交替位置配置。可接受默认名称或键入新名称。

➢ 现有配置—— 在装配体文件中选择一现有配置，可从清单中选择一配置。

（3）单击【确定】按钮✓，结果为下列两者之一。

➢ 新的配置—— 如果装配体文件还没打开，将自动打开。装配体出现在图样空间，【移动零部件】对话框打开，而且自由拖动被激活。往下继续到第四步。

➢ 现有配置—— 所选配置的交替位置在工程视图中出现，【移动零部件】对话框关闭。此时视图完整，不再需要其他步骤。

（4）使用任何移动零部件工具将装配体零部件移动到所需位置。

（5）单击【确定】按钮✓以关闭【移动零部件】对话框并返回工程图。装配体配置的交替位置以双点画线轮廓出现在工程视图中，如图 5-29 所示。

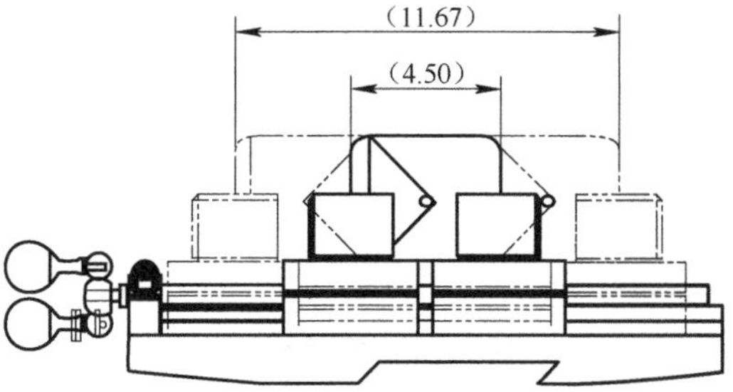

图 5-29 交替位置视图

5.6.10 相对视图

相对（或相对于模型）视图是相对于零件或装配体中的平面或曲面而生成的视图。在工程图中插入相对视图，或选择一现有相对视图时，【相对视图】对话框打开，在该对话框中可按需要进行不同的选择。

5.7 操纵视图

5.7.1 移动和旋转视图

1. **移动视图** 将鼠标指针移到视图边界上，当鼠标指针变为形状时，表示可以拖动该视图。如果移动的视图与其他视图没有对齐或约束关系，则可以拖动视图到任意位置。如果视图与其他视图之间有对齐或约束关系，则要任意移动视图应首先进行以下的操作：

（1）单击要移动的视图。

（2）选择【工具】→【对齐视图】→【解除对齐关系】，如图 5-30 所示。

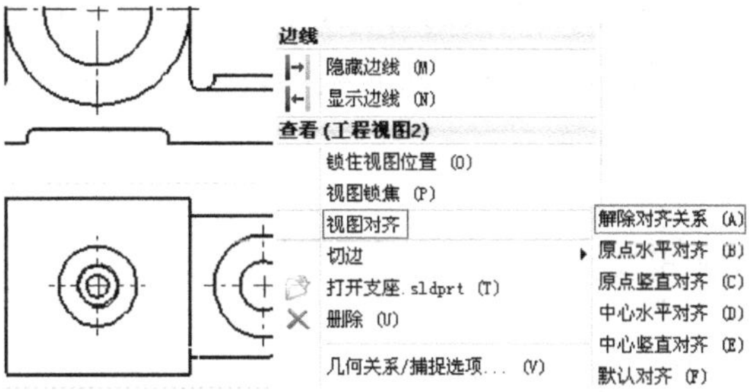

图 5-30 解除视图对齐关系

（3）单击该视图，即可以拖动它到任意的位置。

2. **旋转视图** SolidWorks 提供了两种旋转视图的方法，一种是绕着所选边线旋转视图，一种是绕视图中心点以任意角度旋转视图，如图 5-31 所示。

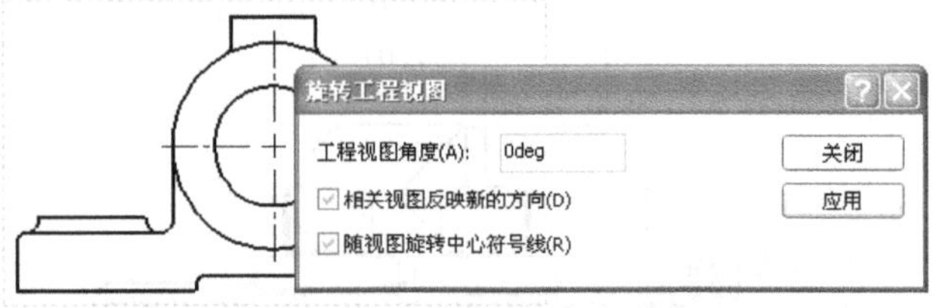

图 5-31　旋转视图

5.7.2　显示和隐藏视图

要隐藏或显示视图，可如下操作：

（1）在特征管理器设计树或图形区域中，鼠标右键单击要隐藏的视图。

（2）在弹出的快捷菜单中选择【隐藏】，如图 5-32 所示，如果该视图有从属视图（局部、剖面视图等），则会弹出询问对话框。

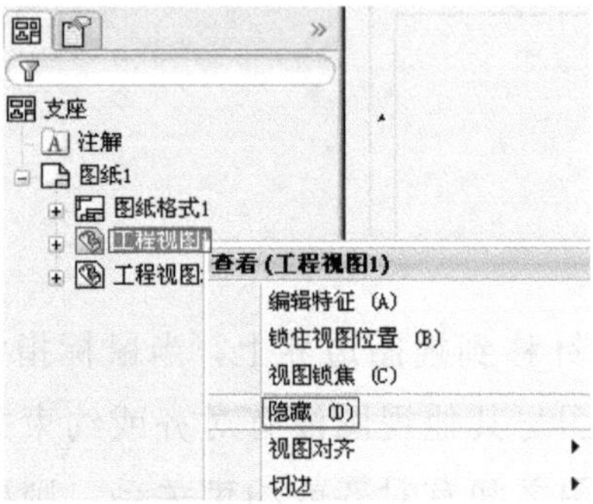

图 5-32　隐藏视图

（3）单击【是】按钮，将会隐藏其从属视图；单击【否】将只隐藏该视图。此时，视图被隐藏起来。当鼠标移动到该视图的位置时，将只显示该视图的边界。

（4）如果要查看工程图中隐藏视图的位置，但不显示它们，则选择【视图】→【显示被隐藏的视图】。如果要再次显示被隐藏的视图，则右键单击被隐藏的视图，在弹出的快捷菜单中选择【显示视图】。

5.7.3　更改零部件的线型

要改变零件边线的线型可如下操作：

（1）在工程图中右键单击要改变线型的零件的任一视图。

（2）在弹出的快捷菜单中选择【零部件线型】，如图 5-33 所示，系统会出现【零部件线型】对话框，如图 5-34 所示。

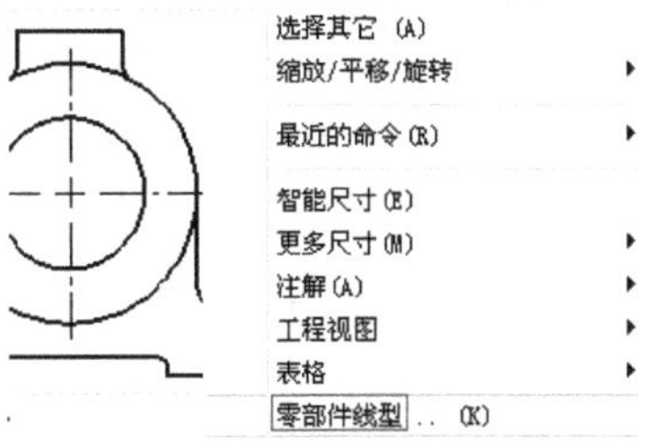

图 5-33 选择【零部件线型】

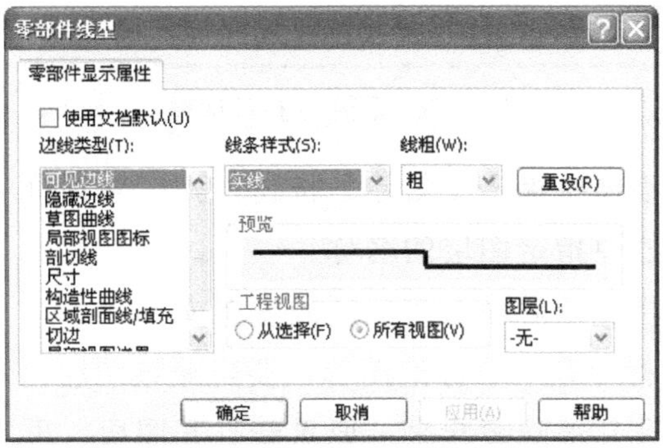

图 5-34 【零部件线型】对话框

（3）消除选择【使用文档默认】复选框。

（4）在【边线类型】列表框中选择一个边线样式。

（5）在对应的【线条样式】和【线粗】下拉列表框中选择线条样式和线条粗细。

（6）重复步骤（4）～（5），直到为所有边线类型设定线型为止。

（7）如果单击【工程视图】栏中的【从选择】单选按钮，则会将此边线类型设定应用到该零件视图和它的从属视图中。

（8）如果单击【所有视图】单选按钮，则将此边线类型设定应用到该零件的所有视图。

（9）如果零件在图层中，可以从【图层】下拉列表框中改变零件边线的图层。

（10）单击【确定】按钮关闭对话框，应用边线类型设定。

5.7.4 图层

要建立图层，可进行以下操作：

（1）在命令管理器的空白处单击鼠标右键，在弹出的下拉菜单中选择【图层】，打开【图层】工具栏，如图 5-35 所示。

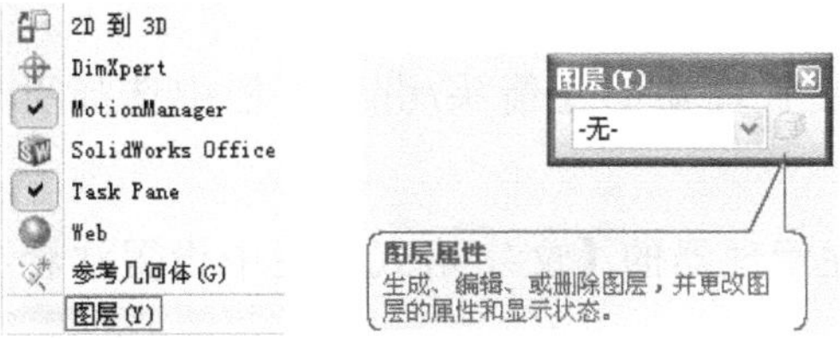

图 5-35 【图层】工具栏

（2）单击【图层属性】按钮，打开【图层】对话框，如图 5-36 所示。

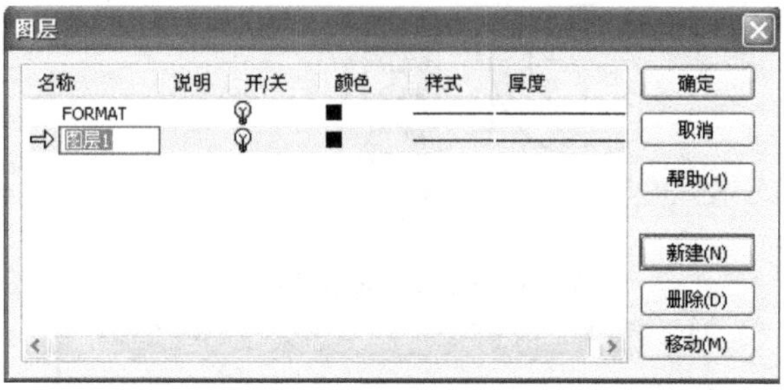

图 5-36 【图层】对话框

（3）在【图层】对话框中单击【新建】按钮，则在对话框中建立一个新的图层。

（4）在【名称】一栏中指定图层的名称。

（5）双击【说明】栏，然后输入该图层的说明文字。

（6）在【开/关】一栏中有一个灯泡图标，要隐藏该图层，双击该图标，灯泡变为灰色，图层上的所有实体都被隐藏起来；要重新打开图层，再次双击该灯泡图标。

（7）如果要指定图层上实体的线条颜色，单击【颜色】栏，在弹出的【颜色】对话框中选择颜色。

（8）如果要指定图层上实体的线条样式或厚度，则单击【样式】或【厚度】栏，然后从弹出的清单中选择想要的样式或厚度。

（9）如果建立了多个图层，可以使用【移动】按钮来重新排列图层的顺序。

（10）单击【确定】按钮，关闭对话框。

5.8 注解的标注

5.8.1 注释

在文档中，注释可自由浮动或固定，也可带有一条指向某项（面、边线或顶点）的引线而放置。注释可以包含简单的文字、符号、参数文字或超文本链接。引线可以是直线、折弯线或多转折引线。要生成注释，可进行以下操作：

（1）单击【注解】工具栏上的【注释 A】按钮，或选择【插入】→【注解】→【注释】命令。

（2）在【注释】属性管理器的【箭头/引线】栏中选择引导注释的引线和箭头类型，如图 5-37 所示。

（3）在【注释】属性管理器的【文字格式】栏中设置注释文字的格式，如图 5-38 所示。

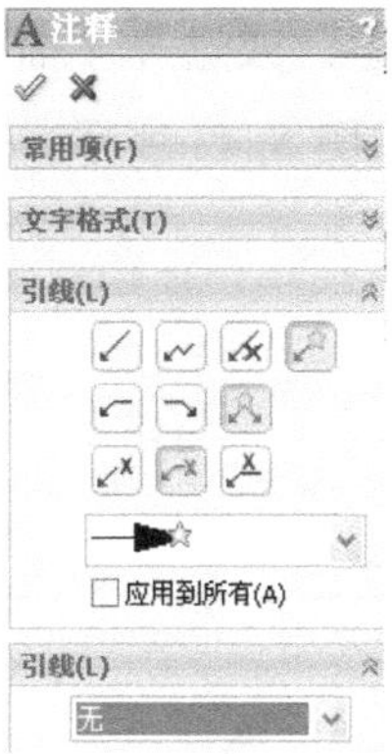

图 5-37 选择【箭头/引线】类型

图 5-38 设置文字格式

（4）拖动鼠标指针到要注释的位置，释放鼠标。

（5）在图形区域中键入注释文字，如图 5-39 所示。

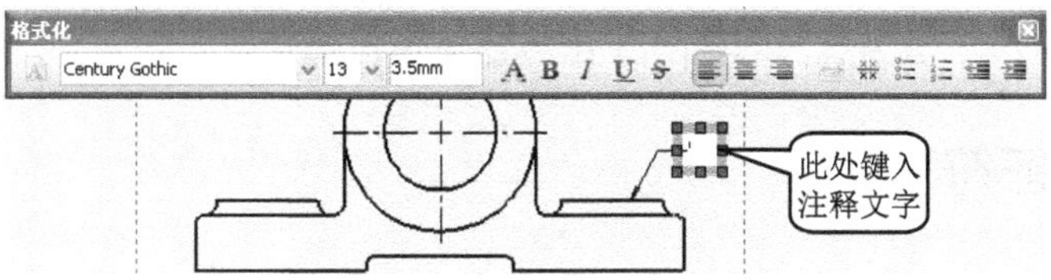

图 5-39 设置注释文字

（6）单击【确定】按钮✓，完成注释。

5.8.2 表面粗糙度

要插入表面粗糙度，可进行以下操作：

（1）单击【注解】工具栏上的【表面粗糙度√】按钮，或选择【插入】→【注解】→【表面粗糙度符号】。

（2）在出现的【表面粗糙度】属性管理器中设置表面粗糙度的属性。

（3）在图形区域中适当位置单击鼠标左键，以放置表面粗糙符号。

（4）可以不关闭对话框，设置多个表面粗糙度符号到图形上。

（5）单击【确定】按钮✓，完成表面粗糙度的标注，如图 5-40 所示。

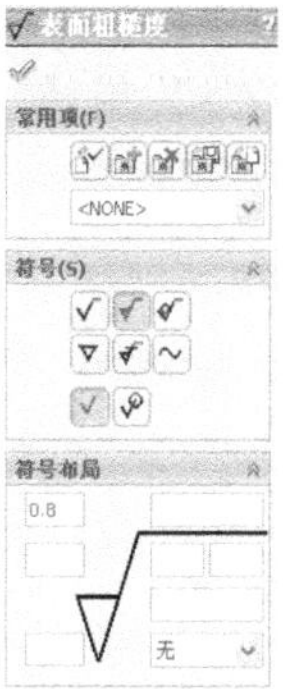

图 5-40 标注表面粗糙度

5.8.3 几何公差[㊀]

要标注几何公差，可进行以下操作：

㊀ 软件中为形位公差，应为标准术语几何公差。

（1）单击【注解】工具栏上的【形位公差】按钮，或选择【插入】→【注解】→【形位公差】，系统会弹出【形位公差】属性对话框，如图 5-41 所示。

（2）单击【形位公差】属性对话框中的【符号】按钮，打开【符号】对话框。在其中选择几何公差符号，单击【确定】按钮关闭【符号】对话框。

（3）在【形位公差】属性对话框中的【公差】栏中输入几何公差值。设置好的几何公差会在【形位公差】属性对话框中显示。

（4）在图形区域中适当位置单击鼠标左键，以放置几何公差。

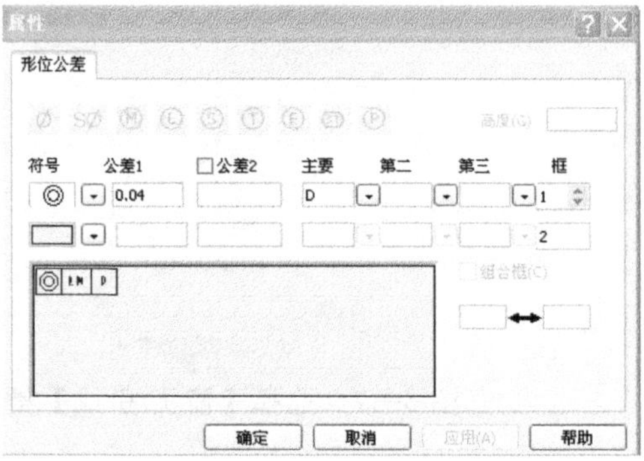

图 5-41　标注形位公差

（5）可以不关闭对话框，设置多个几何公差到图形上。

（6）单击【确定】按钮，完成几何公差的标注。

5.8.4　基准特征符号

要插入基准特征符号，可进行如下的操作：

（1）单击【注解】工具栏上的【基准特征符号】，或选择【插入】→【注解】→【基准特征符号】。

（2）在【基准特征】属性管理器中设置属性。

（3）在图形区域中适当位置单击鼠标左键，以放置符号。

（4）可以不关闭对话框，设置多个基准特征符号到图形上。

（5）单击【确定】按钮，完成基准特征符号的标注，如图 5-42 所示。

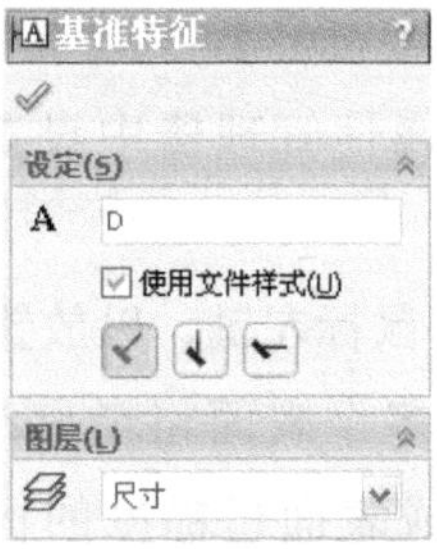

图 5-42　标注基准特征

5.9　实例：支座工程图的绘制过程

下面将以支座（零件）工程图的绘制过程为例，详细讲述零件的绘制方法。支座的工程图如图 5-43 所示。

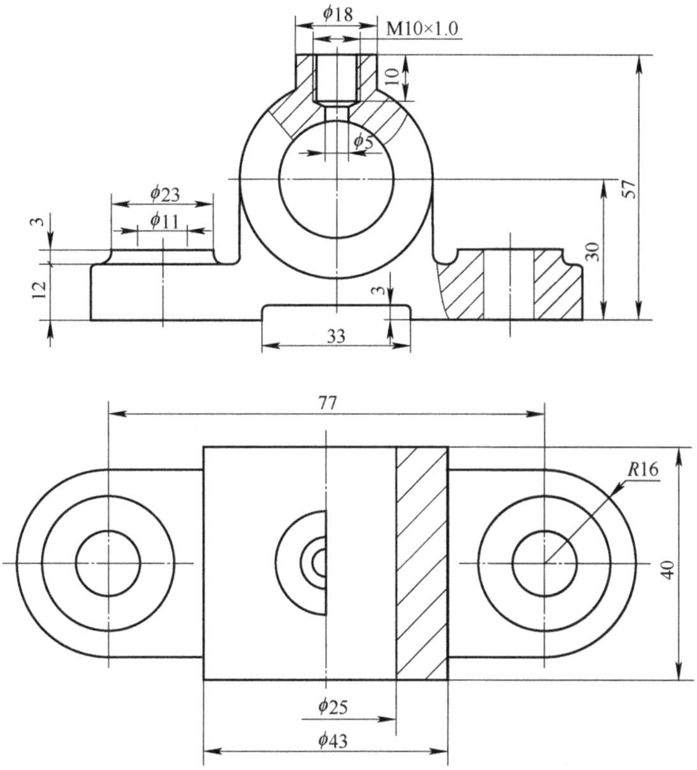

图 5-43 支座的工程图

5.9.1 新建工程图

（1）单击下拉菜单【文件】→【新建(N)... Ctrl+N】或直接单击□进入到新建 SolidWorks 文件界面，如图 5-44 所示。

图 5-44 进入到新建 SolidWorks 文件界面

（2）在弹出的【新建 SolidWorks 文件】对话框中，选择【工程图】，鼠标单击【确定】按钮，如图 5-45 所示。

（3）在弹出的【图纸格式/大小】对话框中，选择图幅为【A4—纵向】，鼠标单击【确定】按钮，如图 5-46 所示。

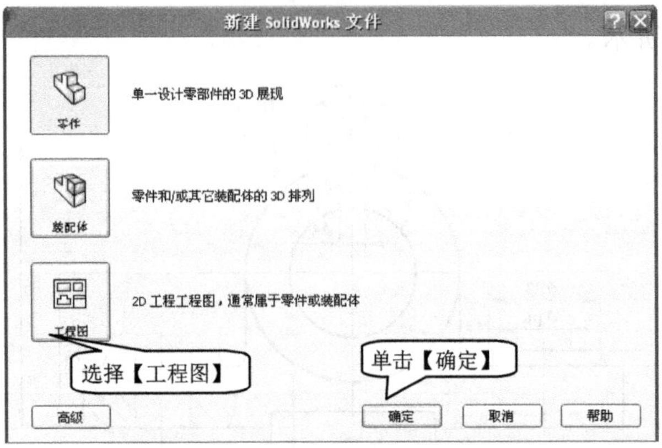

图 5-45　新建 SolidWorks 工程图

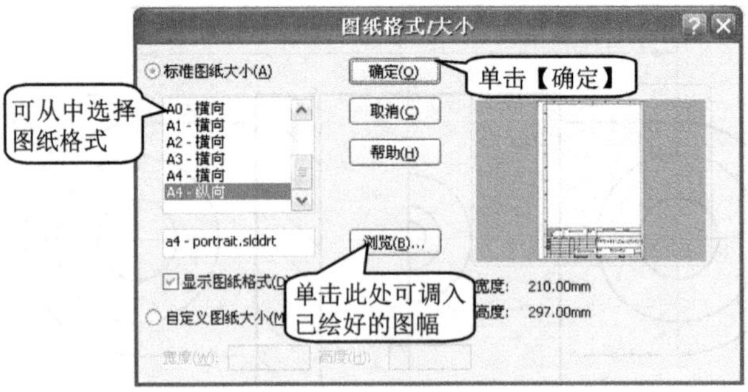

图 5-46　选择图幅

5.9.2　生成工程图的视图

（1）在弹出的【模型视图】对话框中，单击【浏览】按钮，插入需要生成工程图的零件，如图 5-47 所示。

（2）调入零件后，选择主视图的方向，这里选择【前视】，如图 5-48 所示。

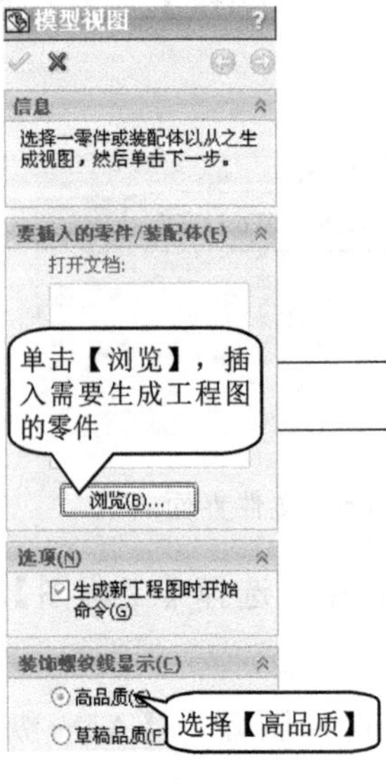

图 5-47　插入零件

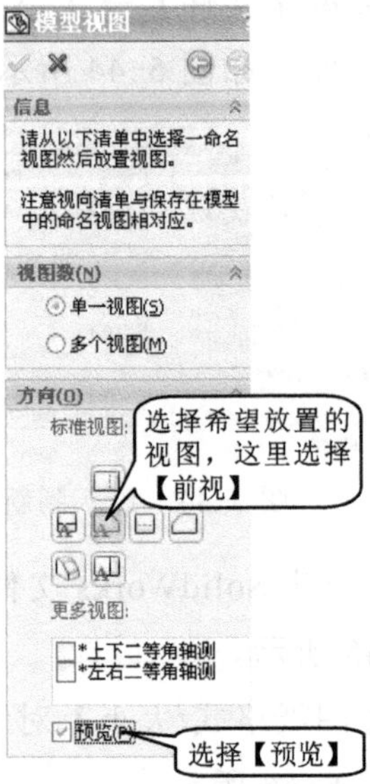

图 5-48　选择视图方向

（3）在图纸空间中单击放置第一个视图（主视图）后，分别向下向右移动鼠标，将自动投影出俯视图和左视图，单击鼠标左键放置相应视图，往对角方向可投影出轴测图（本图中只投影主视图和俯视图），单击【确定】按钮✅结束，如图 5-49 所示。

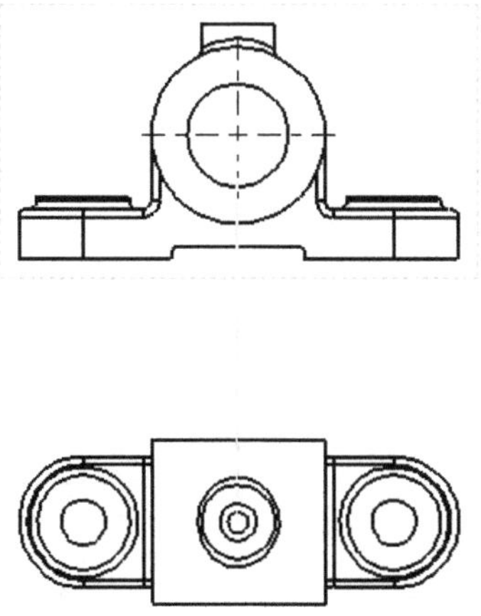

图 5-49 投影视图

（4）单击【断开的剖视图】按钮，接着在主视图中绘制图 5-50 所示的封闭的样条曲线，然后在俯视图中单击圆心（指定样条曲线的剖切位置），如图 5-51 所示，生成的剖视图如图 5-52 所示。

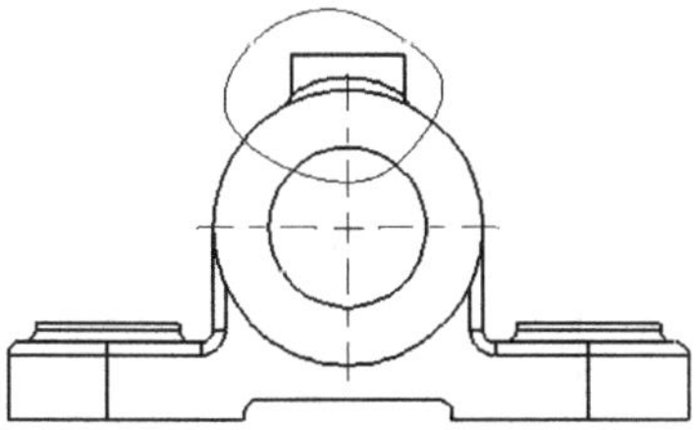

图 5-50 绘制样条曲线

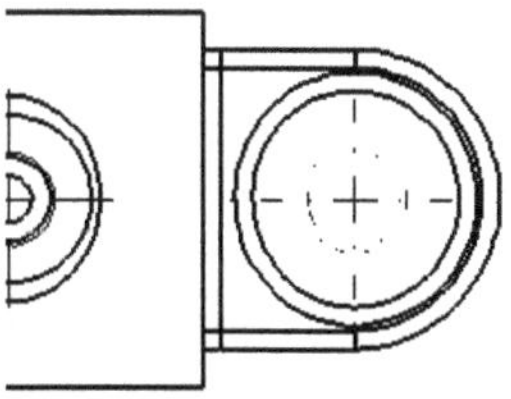

图 5-51 指定样条曲线的剖切位置

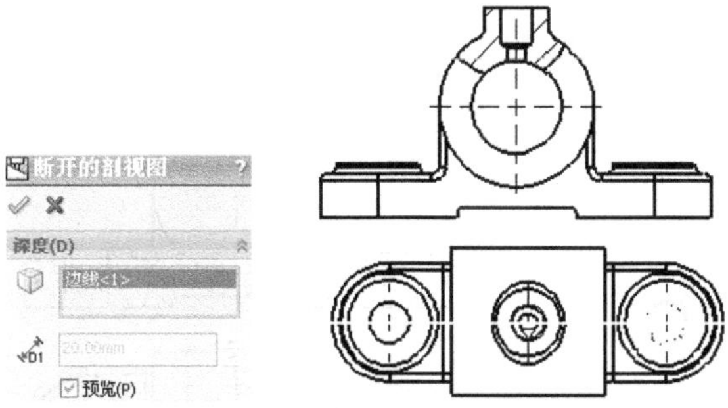

图 5-52 生成的剖视图

（5）单击【断开的剖视图】按钮，接着在主视图中绘制图 5-53 所示的封闭的样条曲线，然后在俯视图中单击圆心（指定样条曲线的剖切位置），如图 5-54 所示，生成的剖视图如图 5-55 所示。

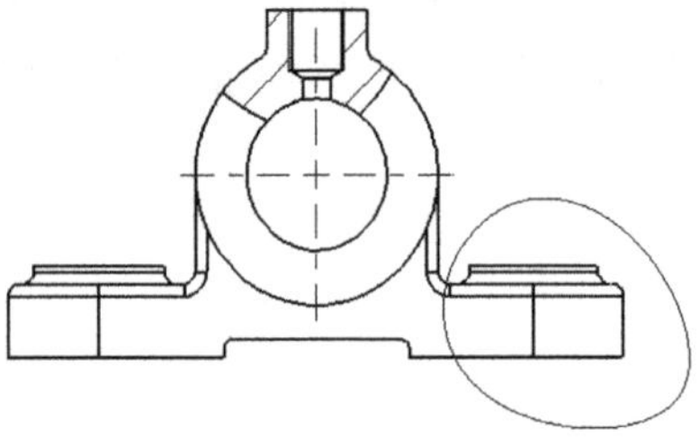

图 5-53　绘制样条曲线

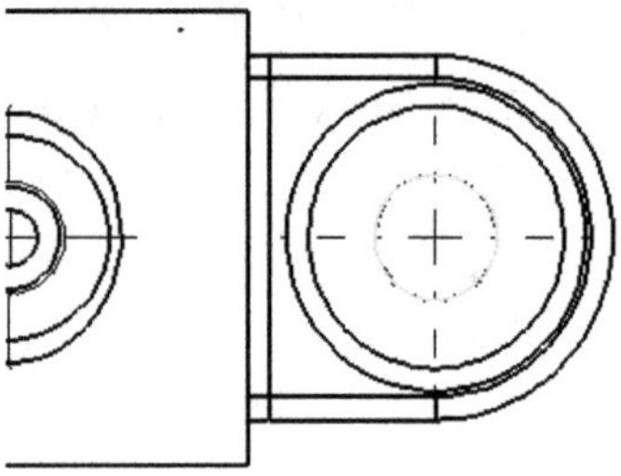

图 5-54　指定样条曲线的剖切位置

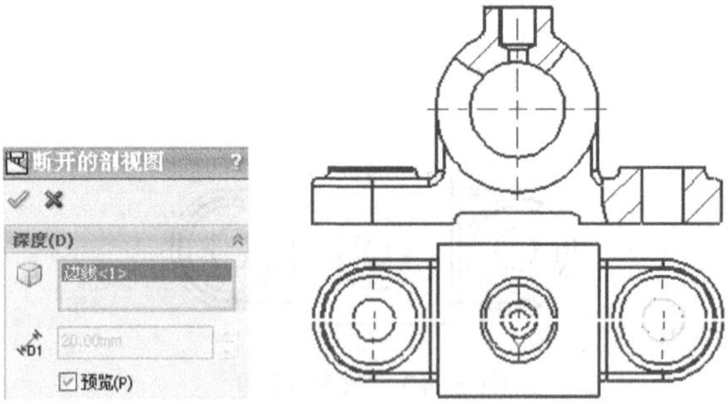

图 5-55　生成的剖视图

（6）单击【断开的剖视图】按钮，接着在俯视图中绘制图 5-56 所示的矩形，然后在主视图中单击圆心（指定矩形的剖切位置），如图 5-57 所示，生成的剖视图如图 5-58 所示。

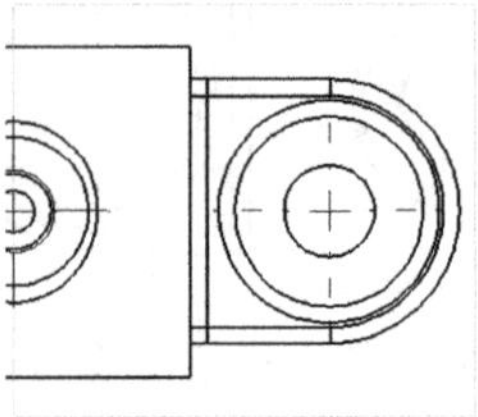

图 5-56　绘制样条曲线

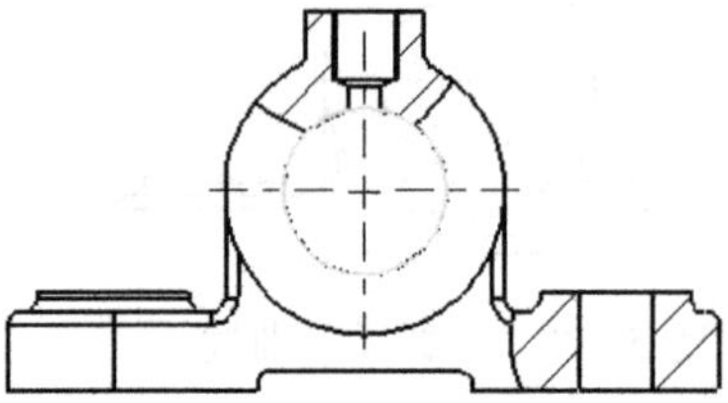

图 5-57　指定矩形的剖切位置

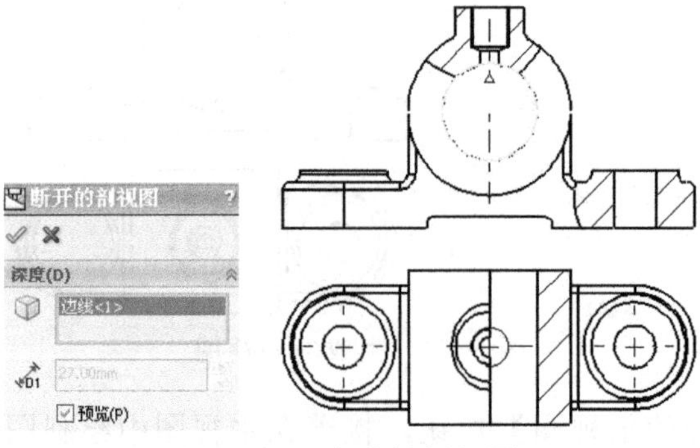

图 5-58　生成的剖视图

（7）在工具栏的空白处单击鼠标右键，在弹出的快捷菜单中单击【选择过滤器】命令，如图 5-59 所示，弹出【选择过滤器】对话框，在该对话框中单击【过滤边线】按钮，然后在俯视图中选中需要隐藏的边线，单击鼠标右键，在弹出的菜单中单击【隐藏边线】，如图 5-60 所示。

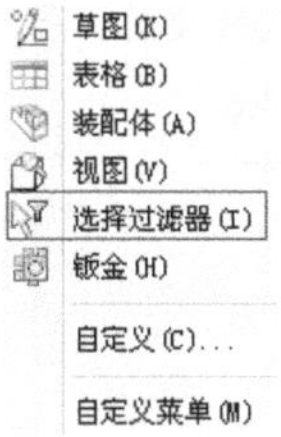

图 5-59 选择过滤器

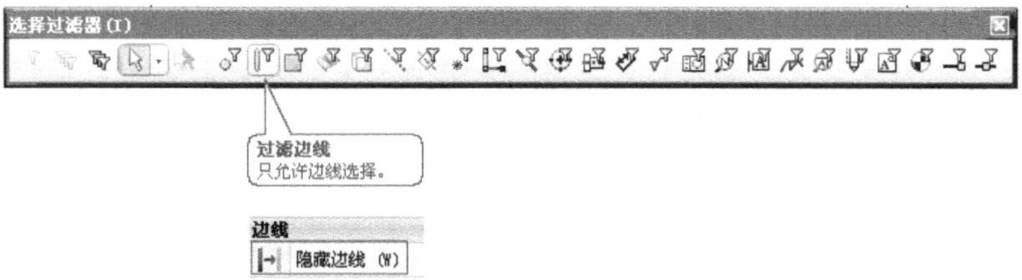

图 5-60 【选择过滤器】对话框和【隐藏边线】菜单

（8）鼠标移至主视图，将出现虚线框，在虚线框内空白处单击鼠标右键，弹出快捷菜单，在弹出的快捷菜单中单击【切边】，然后在弹出的快捷菜单中选择【切边不可见】，如图 5-61 所示。

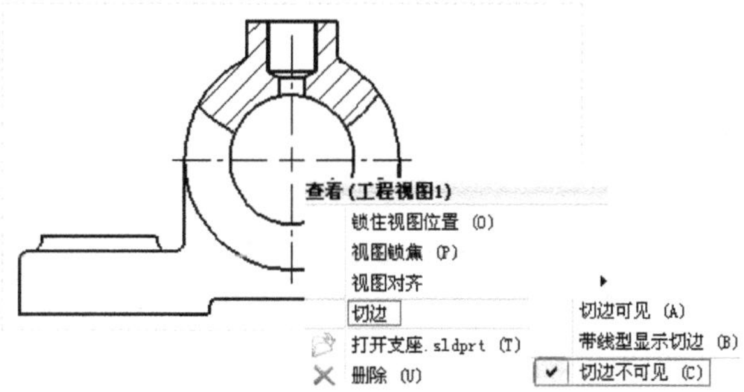

图 5-61 主视图的【切边不可见】

（9）鼠标移至俯视图，将出现虚线框，在虚线框内空白处单击鼠标右键，弹出快捷菜单，在弹出的快捷菜单中单击【切边】，然后在弹出的快捷菜单中选择【切边不可见】，如图 5-62 所示。

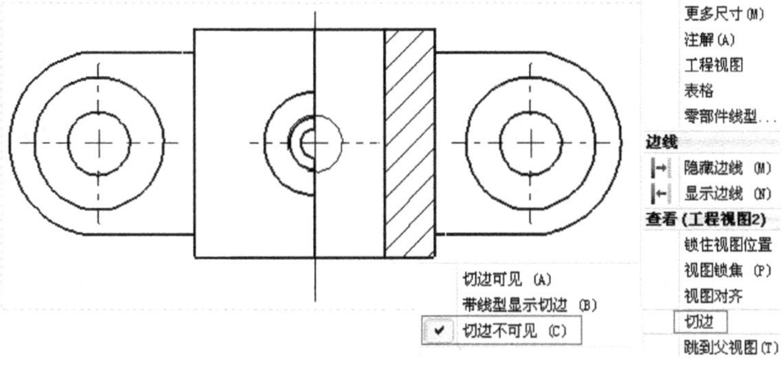

图 5-62 俯视图的【切边不可见】

5.9.3 调整视图比例

在图纸的空白处单击鼠标右键，在弹出的菜单中单击【属性】，如图 5-63 所示，弹出【图纸属性】对话框，修改【比例】，将图纸比例修改为 1:1，如图 5-64 所示。

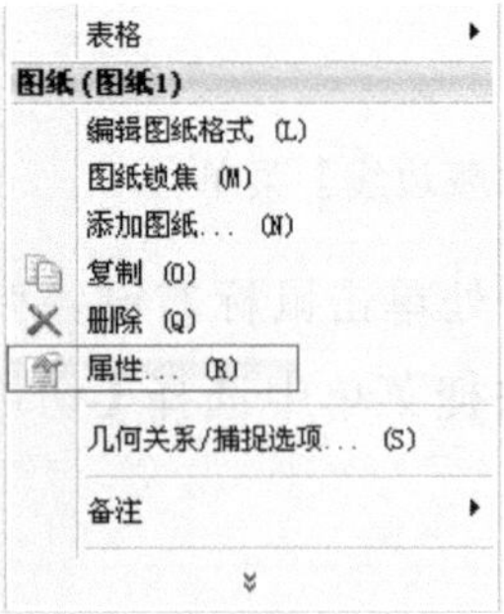

图 5-63 菜单中选择【属性】

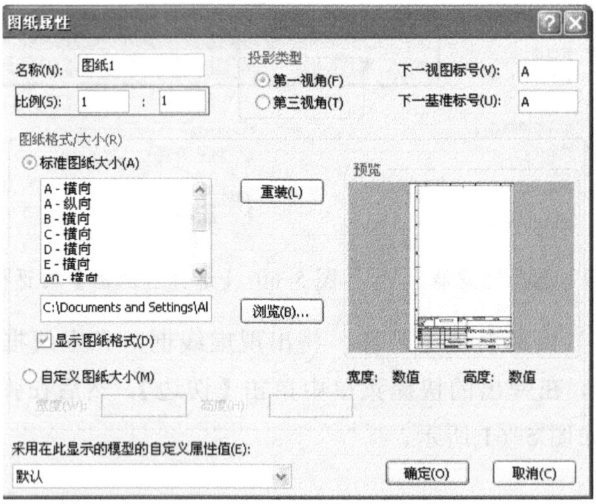

图 5-64 图纸属性对话框

5.9.4 标注工程图

（1）在命令管理器标签上鼠标左键单击【注解】，然后单击【模型项目】，如图 5-65 所示。在弹出的【模型项目】对话框中选择来源为【整个模型】，如图 5-66 所示。然后 SolidWorks 软件就自行将图样尺寸标注完毕，标注好的尺寸如图 5-67 所示。

图 5-65 【注解】里单击【模型项目】

图 5-66 选择【整个模型】

（2）调整尺寸位置，使所标注的尺寸更加美观。尺寸调整的方法如下所述。

1）鼠标单击需要移动位置的尺寸（例如尺寸 12），直接拖动尺寸就可移动该尺寸的位置，如图 5-68 所示。

2）单击尺寸（例如尺寸 12），可显示尺寸的控制点，用鼠标右键单击圆点可改变箭头样式，用鼠标左键单击圆点可改变箭头的方向。

3）按住【shift】键，将尺寸 $\phi 43$ 拖至俯视图中，当鼠标形状变为◇时松开鼠标左键，再松开【shift】键，此操作可将尺寸 12 移至主视图，如图 5-69 所示。同理可将尺寸ϕ18、M10×1.0 从主视图移至俯视图。

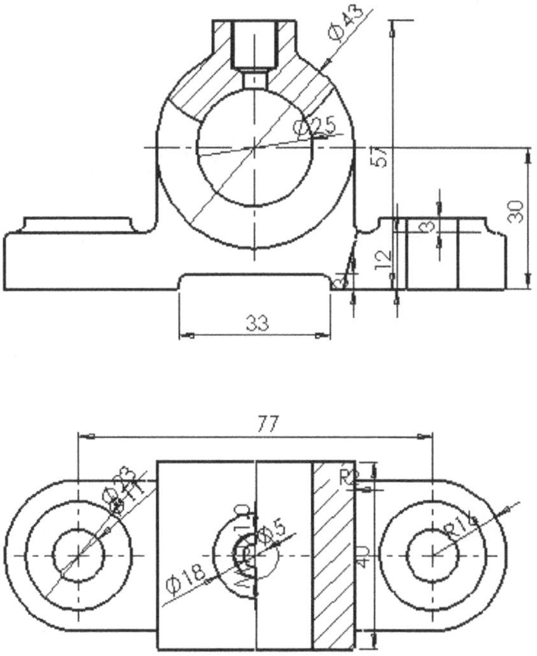

图 5-67　SolidWorks 自行标注的尺寸

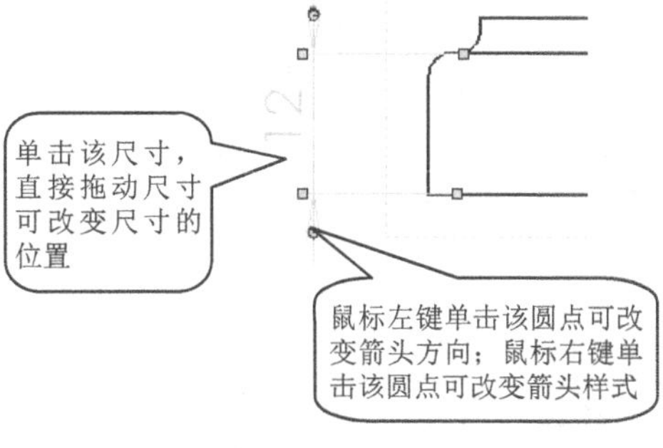

图 5-68　调整尺寸

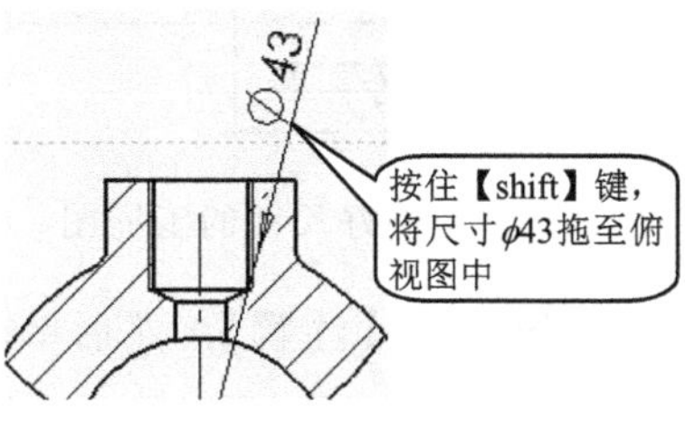

图 5-69　移动尺寸

4）右键单击选中ϕ25 左侧尺寸线的延伸线，如图 5-70 所示；在快捷菜单中单击【隐藏延伸线】命令，如图 5-71 所示；右键单击选中ϕ25 左侧尺寸线，如图 5-72 所示；在快捷菜单中单击【隐藏尺寸线】命令，如图 5-73 所示。

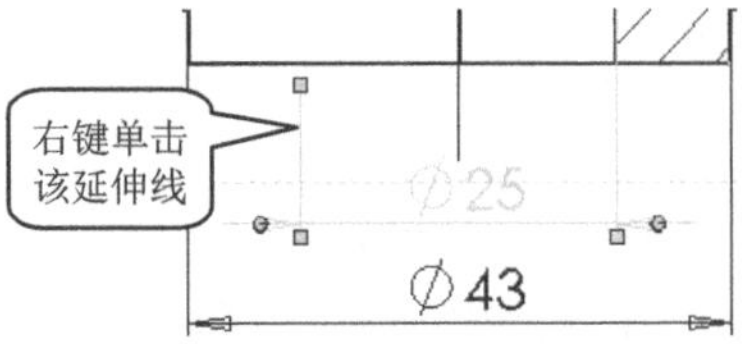

图 5-70　选中ϕ25 左侧延伸线

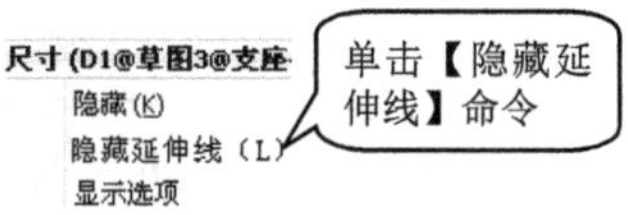

图 5-71　隐藏ϕ25 左侧延伸线

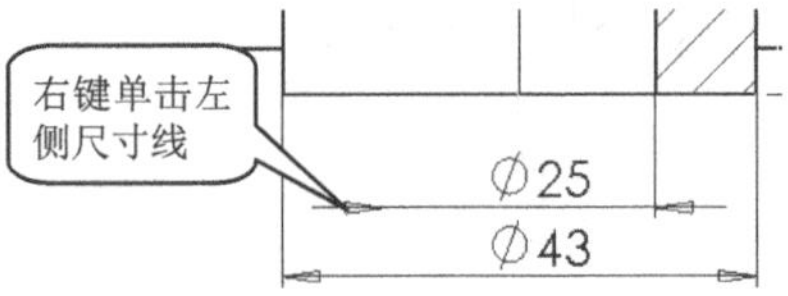

图 5-72　选中ϕ25 左侧尺寸线

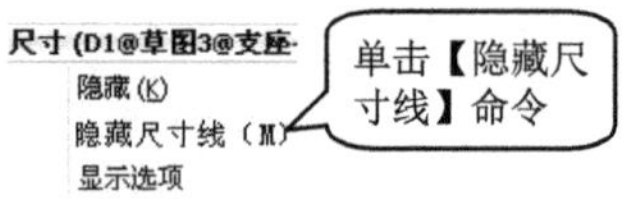

图 5-73　隐藏ϕ25 左侧尺寸线

5）移动好尺寸的工程图如图 5-74 所示，可以改变尺寸字号及箭头的大小，使图样更为美观。

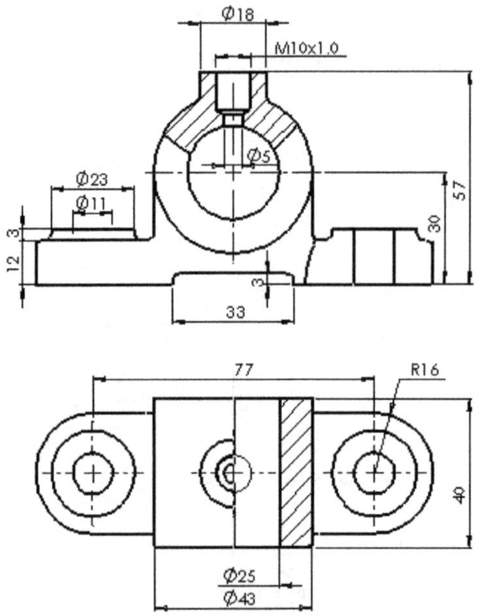

图 5-74　调整好尺寸的工程图

6）在命令管理器标签上鼠标左键单击【注解】，然后单击【A 注释】，接着在工程图的右下方绘制一个矩形区域，在矩形区域中输入注释文字（例如：输入“未注圆角 *R*2”），然后在弹出的【格式化】对话框中设置注释文字的字体、字号和字高，如图 5-75 所示。

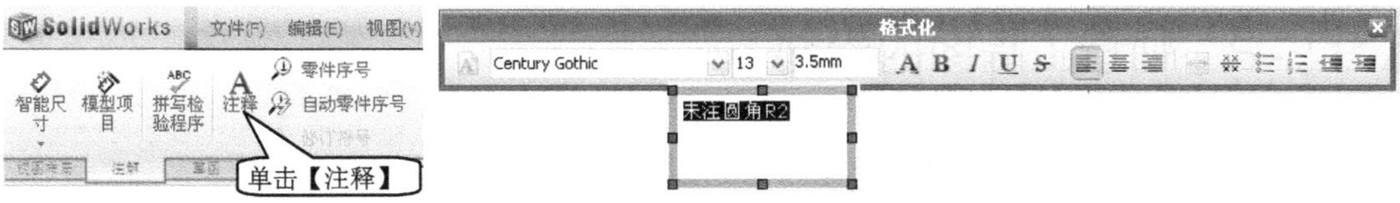

图 5-75 添加注释文字

5.9.5 保存工程图

保存工程图有下列三种方式。

1. 直接保存工程图 单击标准工具栏中的【保存】，或单击【文件】→【保存】，或按 Ctrl+S 直接保存绘制好的工程图。

2. 另存为 如要保存为新的工程图时，选择【文件】→【另存为】，然后输入文件名或接受默认文件名。

3. 保存所有的工程图 若想保存所有打开的工程图，单击标准工具栏中的【保存所有】，或单击【文件】→【保存所有】，就可保存所有打开的工程图。

练习 5-1 法兰工程图的绘制

按如图 5-76 所示的尺寸建立法兰的工程图。

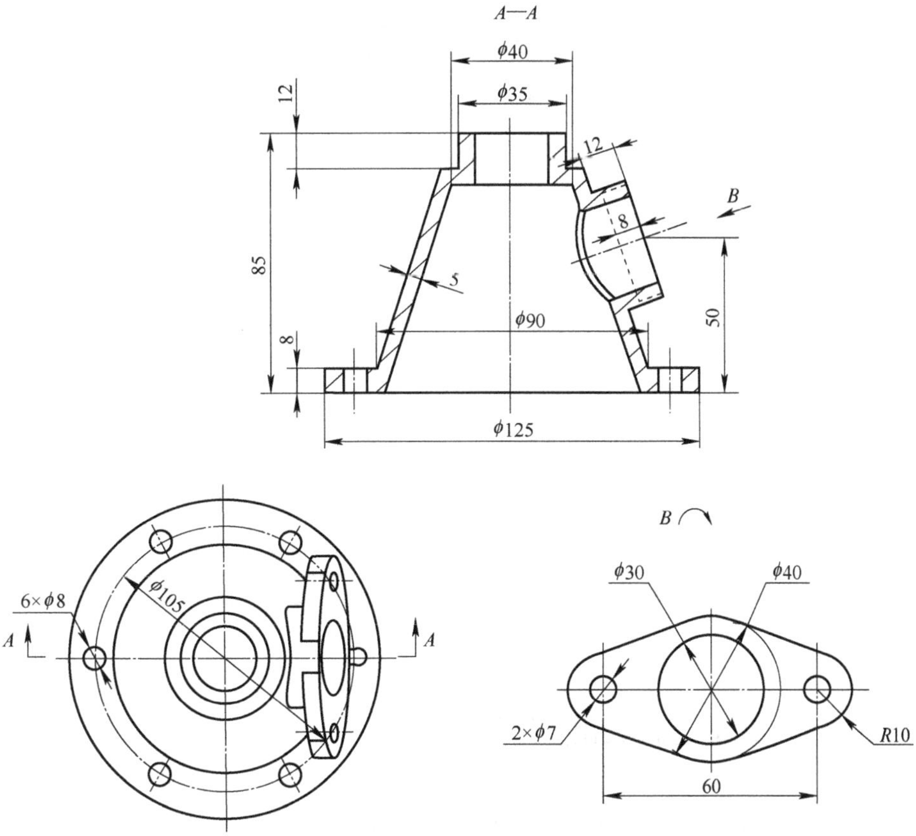

图 5-76 法兰的工程图

练习 5-2　轴套工程图的绘制

按如图 5-77 所示的尺寸建立轴套的工程图。

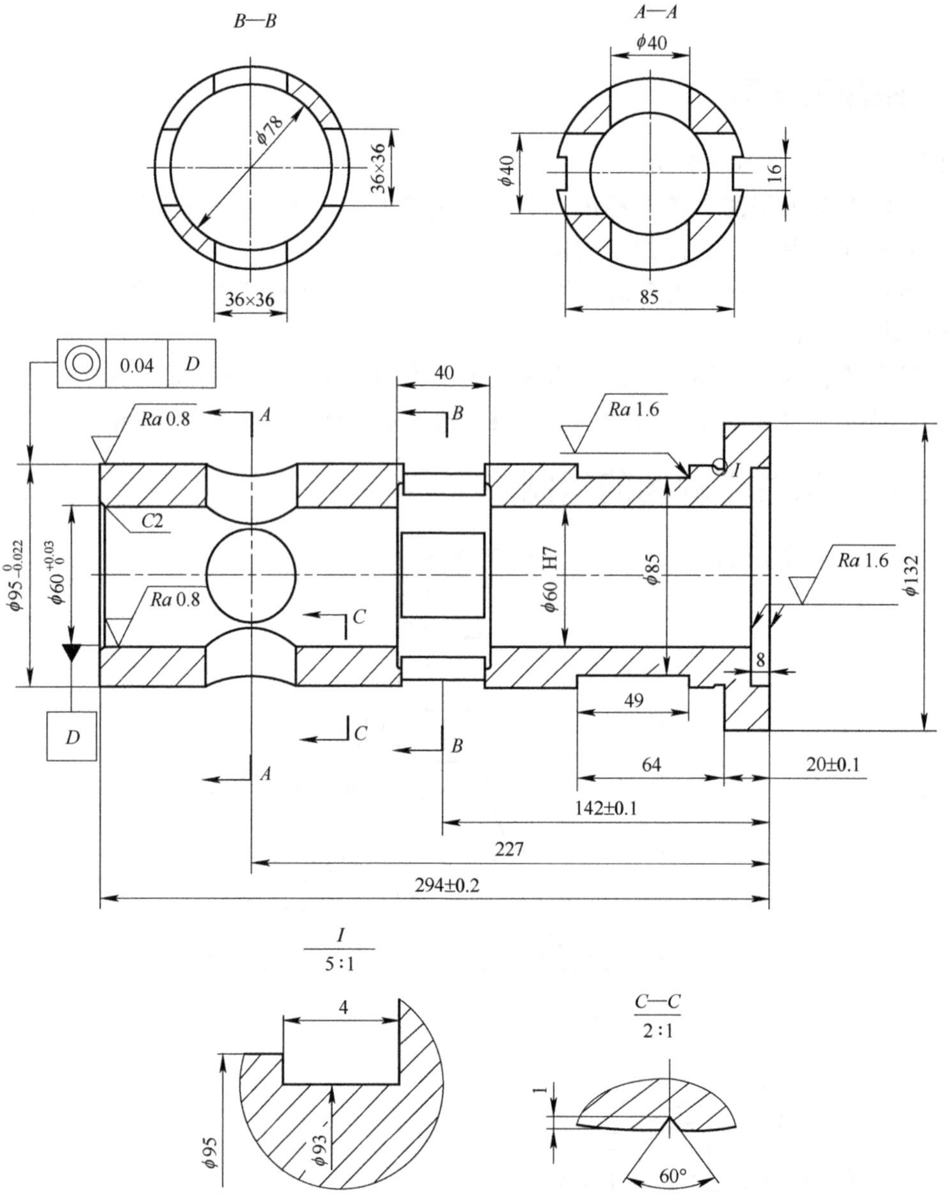

图 5-77　轴套的工程图

练习 5-3　连接块工程图的绘制

按如图 5-78 所示的尺寸建立连接块的工程图。

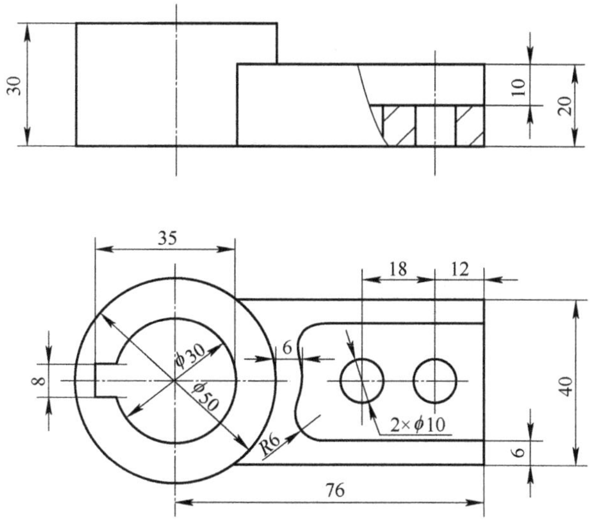

图 5-78 连接块的工程图

参考文献

[1] 胡仁喜．SolidWorks 2012 机械设计从入门到精通[M]．北京：机械工业出版社，2012．

[2] 方显明．SolidWorks 项目案例图解教程[M]．北京：电子工业出版社，2009．

[3] 叶修梓．SolidWorks 基础教程：零件与装配体[M]．北京：机械工业出版社，2008．

[4] 邓子林．Pro/ENGINEER 与 AutoCAD 文档转换技巧研究[J]．中国制造业信息化，2007，36（11）：68-71．

[5] 江红．SolidWorks 二次开发实例解析[M]．北京：机械工业出版社，2004．

[6] 江洪，李仲兴，邢启恩，等．SolidWorks 2003 二次开发基础与实例教程[M]．北京：电子工业出版社，2003．

[7] 张长胜．基于 SolidWorks 采用 Visual C++开发模具标准件库的方法[J]．模具工业，2006，32（3）：13-17．

[8] 袁海平，何锦龙,李肖锋．基于 AutoCAD 技术的矿床三维实体建模研究[J]．江西理工大学学报，2009，9（1）：115-116．

[9] 詹迪维．SolidWorks 机械设计教程[M]．北京：机械工业出版社，2009．

[10] 赵天学．SolidWorks 2008 中文版实例教程[M]．北京：北京师范大学出版社，2011．

[11] 徐海军，张武军．SolidWorks 2008 中文版三维建模实例精解[M]．北京：机械工业出版社，2008．

[12] 赵罘．SolidWorks 2008 中文版基础设计教程[M]．北京：清华大学出版社，2008．

[13] 杨随先，殷富．SolidWorks 2008 工业设计实例精解[M]．北京：化学工业出版社，2008．

[14] 胡仁喜，康士廷，路纯红．SolidWorks 2008 中文版标准实例教程[M]．北京：机械工业出版社，2009．